医生爸妈私家育儿经

元冬维 王维 著

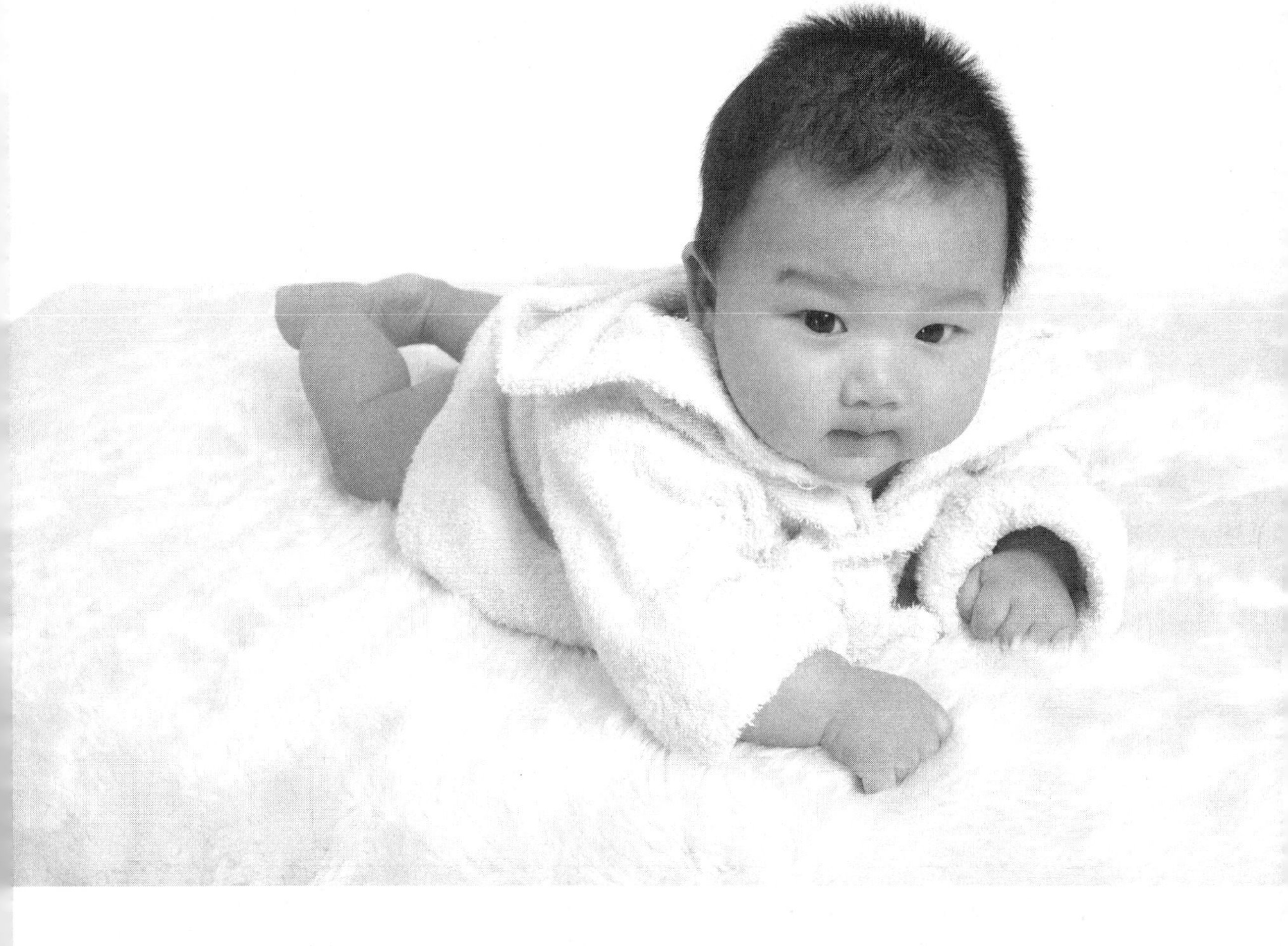

華夏出版社
HUAXIA PUBLISHING HOUSE

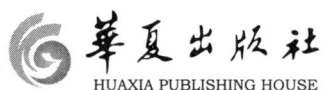

图书在版编目(CIP)数据

医生爸妈私家育儿经/元冬维,王维著. —北京:华夏出版社,2012.6
ISBN 978 – 7 – 5080 – 7027 – 8

Ⅰ.①医⋯ Ⅱ.①元⋯ ②王⋯ Ⅲ.①婴幼儿 – 哺育 – 基本知识
Ⅳ.①TS976.31

中国版本图书馆 CIP 数据核字(2012)第 111148 号

医生爸妈私家育儿经

作　　者	元冬维　王　维
责任编辑	苑全玲
出版发行	华夏出版社
经　　销	新华书店
印　　刷	北京建筑工业印刷厂南厂
装　　订	三河市万龙印装有限公司
版　　次	2012 年 6 月北京第 1 版 2012 年 6 月北京第 1 次印刷
开　　本	787×1092　1/16 开
印　　张	14.75
字　　数	262 千字
定　　价	29.00 元

华夏出版社 网址:www.hxph.com.cn 地址:北京市东直门外香河园北里4号 邮编:100028
若发现本版图书有印装质量问题,请与我社营销中心联系调换。电话:(010)64677853

写在前面

在决定写作这本 0-1 岁育儿书的时候，我们也在问自己，为什么我们要进入一个自己并不熟悉的领域，辛辛苦苦查阅大量文献，写这么一本谈不上权威性，对自己的专业发展也没有什么裨益的书呢？

就像有的朋友问我们的一样，你们自己的业务还搞不过来，弄那些劳什子干啥？

回想宝宝刚刚出生的时候，我们觉得育儿虽然辛苦一点但并不是难事，只要多看一些专门的育儿书，多向儿科的同行们请教，就没有不能解决的问题。

事实也是按照我们这个想法在发展——虽然碰到了一些我们不能处理的情况，但经过翻阅文献和自己摸索，我们的宝宝还是逐渐健康地长高了。

可是，宝宝 9 个月大时发生的一件事彻底改变了这个想法。

彼时我们带宝宝到社区医院去接种疫苗。医生告诉我们，应该给宝宝接种轮状病毒疫苗了，并直接开了交费单，130 元。虽然他没有说明，但我们还是知道自己有选择是否种这个疫苗的权利——我们在现场权衡了一下，觉得轮状病毒腹泻还是非常麻烦的，宝宝痛苦，医药费用也高，只要这个疫苗能够有用就是划算的。于是，我们就给宝宝接种了。

过了几天，我们偶然去翻一下关于轮状病毒疫苗的文献，才发现我们使用的这个国产的疫苗，竟然是世界上三个被批准使用于临床的疫苗之一。而且，其他两个疫苗为了防止发生严重的肠套叠反应，被严格要求于 12 周龄之前给宝宝接种！

我们又去看国内这个疫苗的文献，找不到副作用的有关研究，更没有它妥善地解决了肠套叠并发症的报道。直接致电这家生物制品研究所，有关人员根本答不出为什么这个疫苗可以给 1 岁龄的儿童安全接种——我们简直是不能忍住自己的愤怒了，一个大规模应用于临床的疫苗，怎么能如此儿戏？

我们非常后悔的是，没有在宝宝接种之前来读这些文献……

也是在这个时候，我们认真地回望宝宝成长的经历，发现我们走了很多弯路。而且，这些弯路是在详细阅读了数种被尊为经典的育儿书和数本儿科学"名典"之后发生的，是在我们具备较为丰富的内科、外科临床知识和经验的情况下发生的！如果这些书籍能够给哪怕是一点点提示，这些让宝宝付出代价的"弯路"，我们完全能够躲开！

这让我们怀念起自己刚刚做医生的日子。那时我们在基层医疗机构工作，各个科的同行每天都混在一起，各种经验和病例可以互相交流。甚至是吃饭时偶尔听到的一句话，都可能在日后的临床中派上用场——那时候我们是多么勤奋啊。

而正是那时候听到的一句半句的儿科同事们的议论，在宝宝这一年的成长中派上了大用场，好几次让我们做出了正确判断，避免了宝宝受更多的痛苦。

而泾渭分明的另一个事实是，我们也曾多次向三级医院儿科和专业预防保健机构的主治、主任医师求诊，却几乎没有得到过任何这类的建议。甚至我们拿过去一些模糊的记忆去向这些医生们请教，依然没有得到答案，如果再追问下去，得到的只能是沉默，令人心悸的沉默！

我们理解这些同行，在医患关系如此紧张的今天，多一事不如少一事，医道本来便是一个成败难知的事，希望生活幸福安定的医生，又有谁敢给患者超出医疗规程、一旦对簿公堂只能成为对自己不利证据的这些建议呢？

可是，如果医家均照此为之，医者之大爱如何依附？医生之救死扶弱的基本责任如何履行？艰难的医患关系又怎可有丝毫之转机？

于是，在这个炎热的夏天，我们利用整整一个月的业余时间，完全依靠文献支持，根据我们自己的经验和对儿科学、婴幼儿营养学、发展生理学、发展心理学等学科模糊而肤浅的理解，完成了这本小书。

这本书写作之中——我们实话实说，也是一个心惊的过程。读着那些文献和原典，我们才发现原来还有如此多的禁忌或危险，埋藏在我们早已熟悉、熟知且习以为常的育儿行为之中，原来只要简单的如此为之，就能够避免如此多的麻烦，原来……我们真的有些后悔，为什么不早一些开始这个过程，早一些读一读这些文献，也许那样我们的宝宝就能够更加壮实一点……

也正是发现了这些非常关键的"遗憾"，我们才能够以这些问题为主线——而不是像其他育儿书那样以时间为序且面面俱到——就事论事，并尽量以我们的遗珠之憾为引子，深入浅出地把问题说明白。

这本书写作之中，宝宝就在我们周围跑来跑去，并经常因我们埋头电脑不理她的各种要求而愤怒、哭闹，抑或聚精会神地——或是装作聚精会神地——独自品读某一个玩具，不再理会我们醒过神来后给她的迟到的问候。她可能最不能理解的是，对于我们，能有什么比她这个宝宝更重要的事情呢？

好在我们能够把这本小书拿出来了。我们想，等宝宝再长大一些，我们应该就这一个月的写作时间里对她的忽视而道歉！我们想，如果她知道，这本小书能够对很多小弟弟小妹妹的成长有一些裨益，她也应该是高兴的吧？

能够完成这本小书，我们要感谢10余年来给我们提供园地的医学科普类刊物，是他们锻炼了我们向普通病家深入浅出地讲清问题的能力。

我们要感谢我们经历过的病人，是他们的信任和微笑，是他们的支持和鼓励，甚至也是来自于他们的质疑和攻讦，使我们更觉惶恐并精进不止。

我们要感谢传授给我们医术和医者之大爱的那些恩师们，是他们精湛的技巧、坚忍的奋斗，和对我们无私的提携鼓励，使我们能够成长并成为合格的医者。医事之中，我们不敢懈怠丝毫，因为在心底里知道，他们在遥远的地方，和静谧的天堂里，慈祥地看着我们……

我们决定，就这样让这些文字和大家见面吧。我们已尽了最大的文献校正努力，我们已经把所有能够回忆起来的经验、教训注入了这些文字里。我们希望，自己敢于对这些文字的准确性和科学性负起责任，并承担所有应予担当的责任和后果——这，是一个医者基本的职业素养和自律，也是一个父亲，一个母亲，应有的爱和担当。

就说这些吧。

元冬维　王维

辛卯年八月

目 录

第一篇 营养和进食

钙要天天补吗? 2
冲奶粉:70℃才行? 7
原来,玄机在上颚 12
成长新概念:营养银行 14
从"辅食"到"泥糊状食物" 18
吃饭,从"泥糊"开始 23
宝宝将来有多胖? 29
宝宝吃饱了吗? 33
营养:猪肝 NO.1 ? 37
鉴识配方奶粉 40

第二篇 发育和发展

睡吧,我的好宝贝 46
动作发展:"跟不上"和"不及格" 50
动作发展这一年 54
"蜡烛爸爸" 63
小宝宝要识字吗? 66
咿呀学语:前言语需要干预吗? 70
尿,把还是不把? 75

第三篇　常见病自医

感冒的几个自医原则 ·················· 82

宝宝发烧了，怎么办？ ·················· 87

宝宝腹泻：别忘 ORS ·················· 93

腹泻为什么要补锌？ ·················· 98

哎呦，宝宝过敏啦 ·················· 104

"万能"的氧化锌 ·················· 109

第一次发烧：不能不知道的幼儿急疹 ·················· 113

夜惊，惊着了谁？ ·················· 117

肺炎是"捂"出来的吗？ ·················· 122

宝宝需要益生菌吗？ ·················· 127

第四篇　不能不说的疫苗

你可能不知道的疫苗 ·················· 132

疫苗这东西 ·················· 135

疫苗有关法规 ·················· 139

未来的疫苗 ·················· 141

"不行"的卡介苗 ·················· 142

乙肝疫苗："重组"就是好 ·················· 145

百白破："无细胞"以后 ·················· 147

肺炎疫苗 ……………………………………………………… 150
狂犬疫苗：没咬也能种？ ………………………………… 152
流脑疫苗：第三个菌苗 …………………………………… 154
轮状病毒疫苗：该不该选 ………………………………… 156
麻腮风疫苗：孤独症之惑 ………………………………… 158
水痘疫苗：成人后还有效吗？ …………………………… 161
糖丸不是"最安全"的 …………………………………… 162
小宝宝该接种流感疫苗吗？ ……………………………… 164
乙脑疫苗："减毒"成首选 ……………………………… 167

第五篇 安全在身边

安全座椅，这个应该有 …………………………………… 170
消毒？消毒！ ……………………………………………… 174
和细菌的，和谐 …………………………………………… 178
驱蚊剂良莠谈 ……………………………………………… 184
干细胞？不存！ …………………………………………… 189
我是"熊猫血"，怎么办？ ……………………………… 193
让宝宝离"毒物"远一点 ………………………………… 197
转基因，恶魔 or 福音？ ………………………………… 202

附 录

修炼"广告素养" ·· 208
出远门：杜绝"旅行者腹泻" ·································· 212
我家最"值"的宝宝用品 ·· 214
关于学步车的几个疑问 ·· 217
宝宝和动画片 ·· 219
杯葛"发育日程表" ·· 222
关于本书的"有效期" ·· 224

[第一篇]
营养和进食

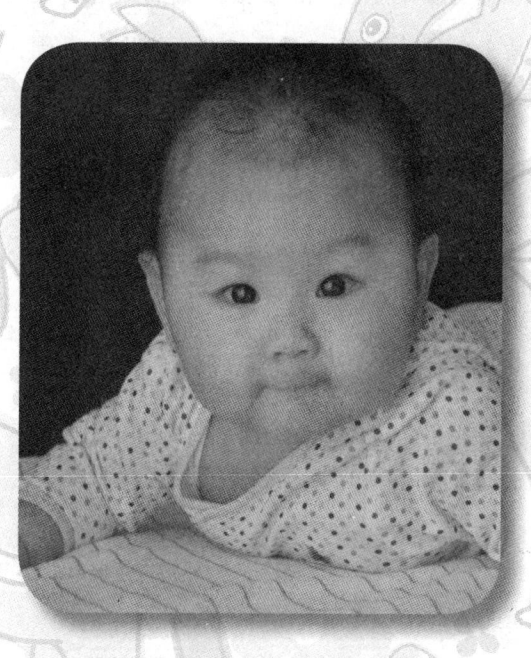

宝宝究竟爱吃什么食物呢?刚刚添加泥糊状食物的时候,他不能说,甚至不能给你指出来,而且吃东西时的好恶也不那么明显,你怎么知道他爱吃什么,不爱吃什么……

钙要天天补吗？

 **我家情况**

我家宝宝出生后在医院一切正常，5天就出院了。出院的时候管床医生给开了不少药，其中就有碳酸钙泡腾剂和维生素 AD 胶囊。我们知道婴儿需要补钙，但记得教材上好像说的是出生后满 3 个月才开始，但没想到刚刚出生一周，母乳还没够吃就要吃钙了，还真奇怪呢。

我们问管床医生，这个钙怎么吃啊。医生说，按说明吃。

我们再问，要吃到多久啊？医生说，一年。

我们再问，要天天吃吗？医生说，是的。

我们再问，这说明书上 1 周岁之内也有不同的剂量，我们在什么时间段开始增加剂量啊？医生：……

我们再问，维生素 AD 重要还是碳酸钙重要？医生：……

我们再问……算了，不问了，再问有什么意义呢。

后来，我们咨询了熟识的资深儿科医生。宝宝爸问，我们知道维生素 D 的补充剂量没什么争议，可钙怎么补呢？

医生告诉我们，专业上对婴儿每天摄入的钙量确实有一个推荐量，这个数值是没有任何争议的。但每天宝宝还从食物和母乳中摄入钙，这个摄入量是有差异的，所以要推荐一个普遍的每天补多少钙的数值就比较麻烦了。

于是，我们采纳了医生的建议，按照这个地区医院儿科普遍的操作方式，从宝宝出生后开始便开始日日补钙，一直补到 1 岁。同时，日日补充维生素 D。

说实话，如果按照方颅、囟门晚闭、枕秃、夜眠易醒易哭闹的缺钙特征，我家宝宝在这样规范的补钙、补维生素 D 的情况下，钙水平应该还是很好的。大概 7 个多月的时候，她已经能够站在大床上，扶着旁边的小床栏杆蹒跚地学步。1 岁零 7 天的时候，宝宝正式学会走路。根据行走能力加上各种发育的情况，说明她的钙水平基本没有问题。

可如果把时间往后延，15个月开始宝宝却出现了一些夜眠不安的情况，甚至出现了类似夜惊的症状。医生说我们可以先补钙试试，后来加大钙量后情况好转。

这也引起我们的检讨，从宝宝出院开始就在补钙，1岁以后虽然没有按照钙剂说明书上建议的那样加大钙的用量，但也没有停药啊，怎么宝宝就缺钙了呢？我们查询文献，反复检讨，觉得应该是我们只重视服用钙剂而忽视维生素AD胶囊的足量服用引起的。在保证了规律服用维生素AD之后，宝宝的症状大为好转至逐步消失。

我们的问题在于，以为钙剂里面已经添加了足量的维生素D_3，所以对维生素AD胶囊就不再重视了。常识告诉我们，维生素D协助钙吸收的活性形式就是维生素D_3。事实告诉我们，不是钙剂里面的D_3活力有问题，就是宝宝对D_3的吸收有问题，反正单靠钙剂还是不行的，要加服维生素AD胶囊。

补了这一年钙下来，站在这个时间点上我们也在反思，钙是不是需要天天补呢？

营养学统计发现牛奶里含有丰富的钙质，250克牛奶里含有的钙基本已经达到了营养学会推荐的小婴儿每日需要量，况且宝宝们还可能食用豆腐、苋菜、油菜、蛋黄、乳酪等含高钙的食物。如果在这样的饮食条件下，再每天常规补钙岂不是钙过量吗？要知道，严重的补钙过量可能会造成骨骺的过早钙化、导致身材矮小等严重问题。

所以，对于宝宝来讲，按照目前的主流观点补充维生素D比补钙要重要得多。天天补充维生素D比天天补充钙剂更重要。

但如果食物里的钙不能满足每日所需呢？我们家周围1—2岁的小宝宝比较多，我们也经常能见到枕秃、方颅等缺钙症状比较明显的宝宝。他们的饮食条件应该是没有问题的，可为啥会缺钙呢？

生理学研究认为，人类体内99%的钙都沉积在骨骼内，仅有1%的钙存在血液中。人类钙缺乏的一些典型疾病，如佝偻病、手足搐搦等，都是因为维生素D缺乏引起的，并不是缺钙。所以，从疾病表现来看，维生素D的补充要远比钙的日常补充重要。

相对于钙剂的补充，维生素AD的补充建议比较确定：

（1）维生素D是母乳唯一不能充足提供的营养物质，而且蔬菜、水果里也不能提供维生素D，所以即便对于母乳喂养和人工乳喂养的婴幼儿，补充维生素D也是必要的。这种补充以每日为最佳。维生素D亦有一定期限内（如半年）大剂量补充一次的方法，但这种方法专业机构不推荐给小儿。

（2）美国医学会最近推荐维生素D每日摄入剂量，对于所有的婴幼儿均推荐每日补充量为200国际单位。而此前美国专业机构的推荐是小于6个月的婴儿每日300国际单位，大于6个月的400国际单位。有的育儿书说美国推荐所有的婴幼儿每天摄入400国际单位，我们检索发现这个建议是美国儿科学会儿科营养委员会于1963年做出的，应该已经过时了。

中国的营养学会推荐剂量，也是400国际单位。即便按照就低不就高的原则，宝宝每日补充200国际单位的维生素D是必要的。

（3）由于日照可以促进人体内的维生素D合成，所以日晒多的宝宝，应该扣减一部分补充的剂量。但美国儿科学会考虑到日晒可能会增加宝宝罹患皮肤癌的风险，已经不推荐增加日晒时间来预防佝偻病和钙缺乏症。

说到这里，我们还想补充一个事情，我们发现有一种维生素药品，推荐给1岁以上宝宝服用的维生素AD制剂中维生素D含量为700国际单位，这个剂量已经超过了上述所有推荐。虽然这个剂量仍低于800国际单位每日的最高安全剂量，不至于导致中毒，但在牛奶等食物已经提供了维生素D的情况下，还是要引起注意。

文献精要

我们翻阅关于补钙的文献，主要看的是每日补充钙剂的推荐剂量和维生素D中毒这两个方面。

中国营养学会1988年建议的儿童钙每日摄入量：0—6个月400毫克，6个月—2岁为600毫克。这里说的是摄入量，不是额外补充的推荐剂量。如果要依据这个计算宝宝每天应该补充多少钙，那么至少要减去食物中的钙含量。

1992年全国营养调查显示，6岁以下儿童普遍钙摄入不足，平均钙摄入水平仅达到营养学会确定的适宜摄入量的33.7%。这个结果提示在食物之外，应该进行一些钙剂的补充。

主流文献对婴儿补钙的观点可以归纳为以下几点：

（1）母乳中含有足量的钙且容易吸收，6个月之前完全依赖母乳喂养的宝宝可以不单独补充钙剂。

（2）补钙主要推荐食物补充，可以多偏重豆制品、奶类等。但需要提示的是，牛奶虽然含钙高，但钙磷比不适合人体吸收，应该饮用处理过的牛奶，或者考虑单独补充钙剂。

（3）有文献推荐足月儿出生以后需要补充钙剂每日200毫克（以元素钙计）。营养学对小儿补钙一般推荐碳酸钙。

（4）关于钙和维生素D是否需要同补的问题。目前的文献多推荐单独补充维生素D。王东红医生在论文中谈及（2006年），在门诊中可以见到单独补充维生素D或单独补充钙剂的婴儿，出生后42天即发生夜惊、多汗、枕秃等典型现象，提示应该钙与维生素D同补。

目前营养机构只提供每日摄入钙的推荐量和参考量，没有提供钙剂补充的常规剂量。我们觉得，一个地区在本地区饮食结构特别是养育宝宝的饮食习惯比较固定的情况下，应该通过科学的统计调查总结出一个基础的钙剂补充剂量标准，推荐给本地区的宝宝家庭。这样，可以避免出现很多单纯钙营养不良的情况，总比现在没有一个确切的标准、不管怎么逼问医生，医生也不敢回答要强得多了。

下面略谈一下维生素D中毒。

美国对维生素D的补充方法是在牛奶中添加，做成维D强化奶，这种补充方法简便易行，可以满足大部分儿童所需。但英国二战之后发现，由于牛奶和各种强化食品中维生素D添加过多，婴儿每日维生素D的摄入量达到了每天4000国际单位，很多婴儿出现了高钙血症。这是迄今最典型的一起大规模维生素D中毒。

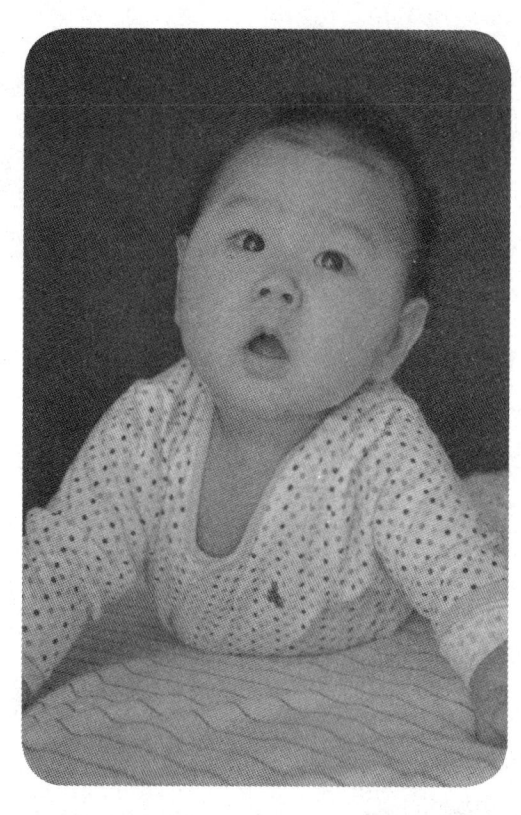

从临床角度看，维生素D中毒大部分都是误服或者像英国这个案例一样，因过量补充而导致的。

参考权威文献，每日摄入维生素D的最高安全剂量为800国际单位，而发生毒副作用的最低剂量为2000国际单位。

若每日补充维生素 D，同时应该注意强化营养奶和其他强化营养食品中维生素 D 的添加量，在每日补充剂量中扣除。我们建议采用 400 国际单位的推荐补充"中位数"，再扣除强化食物中的含量，每天绝不超过 800 国际单位，最终达到补充剂量的平衡。

但是还要注意到，维生素 D 可能来自于食物（维生素 AD 合剂别名鱼肝油，来自鲨鱼的肝脏提取物——鱼和动物肝脏含维生素 D 较高）和日晒导致的体内合成。这两种摄入量就不好计算了，我们想，这可能也是美国新推荐日补充剂量为 200 国际单位的原因吧。

冲奶粉：70℃才行？

我家宝宝刚出生的时候，不到1个小时就送到母婴同室病房来了。而且同时护士拿进来一只装着奶的一次性奶瓶，"咚"的一声蹾在桌上，说了俩字"喂吧"，就走了。剩下宝宝爸看着那奶瓶一脸茫然——尽管提前做了功课，宝宝爸还是不知道，现在应不应该喂宝宝人工奶。况且根据经验一眼就看出，那个一次性奶瓶使用的是质地非常硬的（或者说劣质）乳胶奶嘴，这个东西宝宝怎么受得了？（事实证明，宝宝用这种奶嘴4天，出院前上唇就磨起泡了）

我们这里无意批评护士，但关于人工喂养确实有很多规则，宝宝出生之后也不一定非要那么早就喂食。

宝宝爸曾经专门"偷偷"观摩了护士在护理室里大量配制人工奶的过程，简直是太不专业了。既没有无菌操作，又无溶液配制的严格要求，实在不敢恭维！

于是，后来关于人工乳配制的一些技巧都是我们自己根据奶粉说明摸索的，基本没得到过专业人士的指点。现在回头来看，我们有些"摸索"也是错误的，至少从大方向来说，不利于宝宝的健康。

也许有人读到这里会说，冲奶粉，多简单啊，我从来不按照说明书来弄，宝宝不也是长得好好的吗？是啊，这句话也有它的道理，但我们不敢苟同——我们早已习惯依照有大样本观察试验得出的科学结论来操作事务——否则，如果我不按照科学的治疗和用药原则给患者看病，那还不得出人命啊。

有点闲暇的时候，我们专门检索了国际标准的婴儿配方奶粉冲调推荐文件，才发现原来很多人认为的方法、奶粉说明上的方法、在医院看到护士用的方法都有很大

第一篇 营养和进食 7

的误区!这份文件叫做《安全制备、贮存和操作婴儿配方奶粉指导原则》,世界卫生组织与联合国粮农组织合编,2007年版(估计现在网上已经有中文版本了,大家感兴趣的可以去看原文)。

浓度!浓度!

记得大概是我家宝宝7个月的时候吧,我们一起到公园玩。旁边有一家人,他们的宝宝大概比我们家的还要小一点儿。这个宝宝饿了,她妈妈就拿出奶瓶来准备喂奶(估计她家是纯人工喂养的),摸一摸奶瓶,烫了。这时,在一旁的奶奶把奶瓶接过去,晃了半天,还是烫。

奶奶看到我家背包里有矿泉水,于是走过来借。宝宝爸惶然,还没来得及说不借呢,奶奶已经把矿泉水往奶瓶里兑了进去,然后再摸摸说,好了,不热了,直接拿走给他家宝宝去喂了。

宝宝妈和宝宝爸大跌眼镜——他们家也太拿宝宝乳的浓度不当回事了吧!

根据我们学到的知识,新生儿母乳的能量为284.5KJ/100ml。别小看了这个数值,只有把人工乳配得和这个一样,才能让宝宝吃得舒心,也只有这样消化才会好。一般市售的"一段"(0—12个月)奶粉都是这个数值,但并不是说你买了这个奶粉,调出的奶就都是这个数值。要想严格保证这个数值,必须通过严格的调配,控制好乳液的浓度。

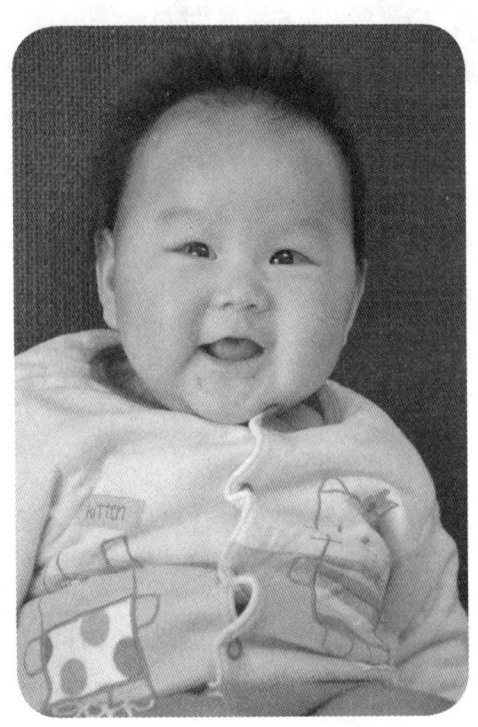

要配好这个284.5KJ,有几个步骤还是不可少的:

(1)标定奶瓶。

写这个稿子的时候,我们专门用量筒(其实这个在化学中也是需要别人给它来标定的)给几种牌子的奶瓶刻度"标定"了一下,结果发现没有一个是准的。所以最好买个量筒,量取你常用的毫升数的水(比如120、180等),倒进奶瓶,用记号笔或小刀做一个标记。以后不用看奶瓶本身的刻度,就看这个标记。

还有个事情提醒，毫升数正规的读取规则是：奶瓶放在台面上，下蹲身体视线与液面平齐，和液面下凹处相切的刻度标线，就是溶液的毫升数。

不过，如果你用了上述"标定方法"，那个记号刻在哪里就看你自己高兴了：划在下凹处，或者最高处都行，只要以后读数时还按照同样方法来就可以了。

（2）奶粉定量。

我没有去标定奶粉厂商随赠的奶粉勺，只是用不同批号的几个勺子相互间比了一下，容量还差不多。

勺子取奶粉时一定看看说明。很多厂商推荐用一个"刮子"把奶粉沿勺边刮平，觉得这个方法挺好，但那个"刮子"一定记得消毒哦。

说到这里想起另外一件事，很多厂商不推荐将奶粉放入冰箱。我们曾经对这个规则很奇怪，后来听厂商解释说，民用冰箱一般都很潮，奶粉放入冰箱后会吸湿，结团，特别会因为体积改变造成冲调浓度不准。我们觉得这个说法靠谱，供参考。

（3）匀！

人工乳粉冲调时不留神就会起疙瘩，所以基本上不推荐直接摇匀的混匀方式。最好能找到长柄的搅拌器，而且可以消毒的那种。因为下文将提到为何使用开水，而开水更容易起疙瘩，所以最好边加乳粉边搅拌，加完同时也搅完，然后立即加盖，颠倒混匀——如果有化学上滴定悬摇的技巧，那么悬摇最佳。

重点监控：阪崎和沙门

可能有很多家长听说过阪崎肠杆菌，它经常和"问题奶粉"的报道联系在一起。根据世卫文件，婴儿配方乳品引起感染最常见也是最应该预防的，就是阪崎肠杆菌，其次是沙门氏菌。

阪崎肠杆菌本来是一种"条件致病菌"，也就是一般条件下不致病的细菌。但它对儿童特别是一岁以下的婴儿"杀伤力"尤甚。有报告认为，阪崎肠杆菌感染发病率为每10万婴儿中有1例。而在出生体重超低的婴儿中，这一发病率就会增加到每10万婴儿中有9.4例。

而沙门氏菌属中，最著名的是伤寒沙门氏菌——没错，它就是伤寒的致病菌。沙门氏菌在美国的发病率报告是每10万婴儿中有139.4例。单从数据上看，沙门比阪崎厉害。但阪崎导致婴儿脑膜炎、败血症的发病率比较高，病死率也比较高。还有一个问题也让它最受儿科学界的关注，它经常存在于乳制品中，对1岁以下的新生儿危害更大。世界卫生组织的结论是：

"虽然婴儿看来是特别危险人群，但新生儿和两个月以下婴儿最为危险"。

还有个事实比较让人丧气，婴儿配方奶粉虽然生产工艺非常严格，但并不是无菌的，首要的污染菌就是阪崎肠杆菌。2006年有一个报告，结论认为婴儿配方奶粉样品中3%—14%有阪崎肠杆菌。

相对而言，沙门氏菌则主要来自于容器、器具和配制者的手等处的污染。

综上所述，冲奶粉最要预防的是，阪崎肠杆菌污染乳粉，沙门氏菌污染容器。

标准冲调：70℃为王

《安全制备、贮存和操作婴儿配方奶粉指导原则》推荐的冲调方法，最主要的几点为：

（1）全部器具和操作者手消毒，器具可煮沸，操作者用肥皂洗净双手。

（2）使用开水调制奶粉以杀死阪崎肠杆菌，开水温度不得低于70℃。这个水要求沸腾后保温放置不超过30分钟。

（3）奶液制成后迅速降温饮用，不能喝完的，室温保存不得超过2小时。

（4）调制后立即降温并置低于5℃冰箱保存，保存期为24小时。

（5）冰箱冷藏的乳液可以重新加热饮用，加热时间不超过15分钟。重新加热的乳液，最长保留2小时。

关于70℃的检讨

既然WHO对水温要求得如此明确，为何很多厂家还是推荐用"温水"（一般指40℃—50℃）来冲调奶粉？

其实70℃也是有些争论的。

反对意见认为，70℃会损失热敏营养素，可能烫伤操作者，还容易产生溶不开的奶粉块等。因此，美国于2002年取消了70℃热水溶解婴儿配方奶粉的要求。不过，英国食品标准署2006年修订了标准，新加入了70℃的要求。

关于热破坏营养素的问题，主要营养素蛋白质、糖在70℃都是稳定的，连微量的DHA等也是稳定的。有文献报告，热损失的营养素主要是维生素C。有报告称，热水会导致维生素 C 损失 5.6%—65.56%。

而烫伤的问题和宝宝受到感染的危险比起来，我们相信大多数人都会选择把危险留给自己。

另外，也有文献提到 70℃的热水反而会激活一些蜡样芽孢等细菌的芽孢，激活后的细菌反而开始在乳液中繁殖。所以，WHO 推荐文件设定了 2 小时的最长保存期限，防止这些被激活的细菌伤害宝宝。

扩展阅读

成功进行母乳喂养的 10 步骤

1. 有一个书面母乳喂养政策，并作为常规通告所有卫生保健人员。
2. 对卫生保健人员实施这一政策所需的技能培训。
3. 告知所有孕妇关于母乳喂养的好处和如何掌握的知识。
4. 帮助母亲在出生半小时内开始母乳喂养。
5. 教会母亲如何进行母乳喂养和维持哺乳期，即使她们需要与婴儿分住。
6. 不给新生儿母乳以外的任何食物和饮料，除非医学上需要。
7. 实行母婴同住 – 即让母亲和婴儿一天 24 小时坚持在一起。
8. 鼓励在婴儿需求时进行母乳喂养。
9. 不要将人造奶嘴或假奶头（橡皮奶头）给母乳喂养的婴儿吸吮。
10. 促进建立母乳喂养支持组，并将母亲转移到那里，给医院和诊所减负。

（引自世界卫生组织爱婴医院倡议）

原来,玄机在上颚

母乳喂养这事吧,有的人没费什么劲儿,宝宝刚出生奶水就多得不得了,有的吧,其用力真是九牛二虎之力不可及焉,却怎么也不够吃,有的连奶也没有下来。

我们曾经听说,某某宝宝家人信偏方,因为母乳下不来,就找了个偏方:要新鲜的牛鼻子煮汤,产妇还要一口气喝下去。且不说等着屠户宰牛、早早去排队的辛苦,就是那连毛也不拔、油盐不放的牛鼻子汤,谁能一口气喝下去那才叫英雄!

看文献,都说绝大多数家庭都可以实现母乳喂养,但我们在宝宝出生前还是有些担心——如果我们是那绝少数怎么办啊?

结果还真是怕什么来什么。宝宝预产期前一周,我们顺利入院排队待产。可就在第二天,宝宝的胎心率就低了,而且不见升高。管床医生决定剖腹产——那就剖吧。因为这样,所以宝宝出生时宝宝妈还没有准备好,奶还是没有的。

宝宝送到病房来的第一次哺乳,最终失败了——我们知道这次哺乳主要是靠宝宝吸吮来刺激泌乳,可惜不管怎么把奶头往宝宝嘴里放,宝宝就是不吸。

问医生,医生说,放进去她就应该吸啊。问主任,主任说,没奶,宝宝不爱吸,以后就好了。这下我们可难住了,宝宝吸吮可以促进下奶,但现在奶下不来宝宝还不爱吸,这岂不是一对儿悖论啊!

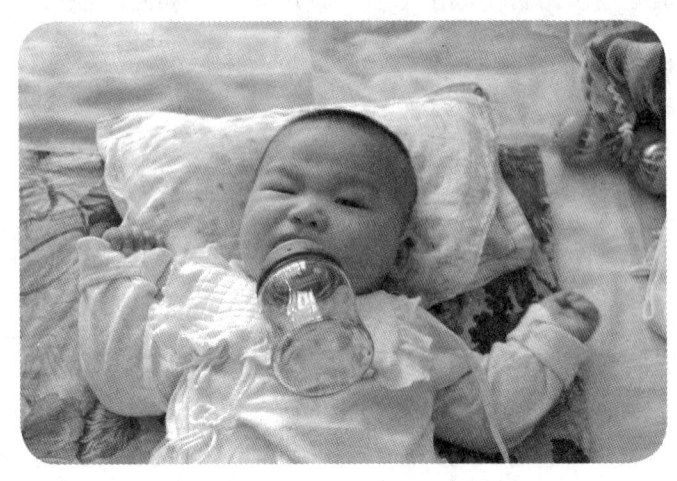

后来经过理疗、按摩，大约有一些奶了。但宝宝还是不爱吸，基本上把奶头放到她嘴里5、6分钟，也就是有劲儿没劲儿地吸几下。我们劝，宝宝吸吧，有好吃的。她瞪着黑黑的大眼睛看我们一眼，就转过眼睛去，似乎对我们不感兴趣，或者根本不信我们说的：瞎说啥啊，我吸了，没吸出啥！

没办法，只好买了吸奶器来刺激宝宝妈泌乳——可这东西毕竟不如宝宝亲自来的好，泌乳量还是非常少，唉！

结果，从宝宝出生到第5天出院，宝宝还是没能成功吃奶。你说这把人给急的，也不是一点儿奶没有，也不是宝宝吃不饱，而是她根本就不会吃！

问了医生，医生没办法，问了老人，老人说她自己就应该会吃的啊。看教科书，教科书说宝宝的吸吮属于本能，给她手指她都会吮——我们心里好生羡慕，要是这样该多好啊！

可宝宝吃不到奶也饿啊，我们只好用人工乳代替给宝宝吃。

就在这时候，大约是宝宝出生后7天吧，我们翻看一本经典教材，希望温习一下宝宝吃奶饱不饱的方法。结果翻着翻着，意外地看到了这一段文字：

> 健康新生儿已有吸吮和吞咽乳汁能力，在饥饿时会利用天赋的觅食反射寻找母亲乳头，当乳头和大部分乳晕进入婴儿口腔内，触及其上颚时，便引起吸吮动作，先将乳头和乳晕牵拉成较原来更长，并用舌头将其抵住上颚，挤压拉长的乳晕将乳汁从乳头喷出。

（《实用儿科学》88页）

原来如此！虽然这段文字语法有些小毛病（医生的文字大抵如此，要是看我们写的病历，如果没有经验而根据普通语法分析的话，根本就不知所云），但我们还是懂了最基本的玄机所在！

谢谢写书的老师！

我们马上依法炮制，结果——那还用问吗，宝宝开始大口大口地吸吮起来！

嘘——终于，把这个头疼的问题解决了……

怎么问了那么多人，其中不少还是教授级专家，就没人告诉我们，乳头往里放一放，抵住上颚就好了？

所以，立此存照——我们觉得，我们碰到的如果不是一个个别问题，那么肯定有宝宝爸妈也在为同一个问题而苦恼——上述专业论述，请参考。

成长新概念：营养银行

 我家情况

宝宝要不要补钙？补铁？补锌？补镁？要不要补维生素？

如果我们去问孕婴店的售货员，或者厂家推销商，答案当然是肯定的。事实上，如果你去问儿童保健所的医生，或者是专科医院的儿科医生，他们可能都会提倡你补钙、补锌的，但什么时候补，补多久，补多大剂量，不同的医生，可能建议还是不同。

这是怎么回事呢？难道没有一个推荐用法和推荐剂量吗？

理论上讲，每个孩子的营养水平都是唯一的，每个孩子的外来营养素补充，都只有唯一的一个最佳方案。

我家宝宝一直听取儿科医生的处方，出生后到1岁，一直在补钙，用的那种碳酸钙泡腾颗粒，每天一次。不过，宝宝爸对这个有些不以为然，经常把这事给忘了，连着1、2天都没补钙。

而维生素AD也没有按照医生说的坚持下来，反正是一直在补，有时候两三天没想起来，有时候连着吃两天。

其他，我们可以肯定不需要补铁（宝宝的血色素水平一直比较好），而锌、镁等，我们知道很多食物里其实是可以提供的，加上配方奶粉和一些食物里都标明含有了，也没有专门买补剂。

现在回头来看，我们的补钙方法是有些瑕疵的。不能认为钙颗粒里添加了 D_3，就忽视鱼肝油（AD滴丸）的服用——也正是忽略了这一点，我家宝宝才在13—14个月时出现了数次夜惊，睡眠也不好，还有盗汗。经过补充AD滴丸和钙的剂量，最终症状迅速改善。

因为儿童期营养是一个长期过程，如果拉了"清单"可能也要三四十年以后才能表现（详见下文营养银行的论述），所以不能说我们的方法有什么经验。但我们的原则是：

（1）不缺的不补，比如铁，没有缺乏的症状，理论上半岁之前宝宝也不缺，所以不专门进补。

（2）补要首先靠食物。营养素大多是可以靠食物提供的，如果发现缺乏某一种营养，也要先从食物做起，少选专门补剂。从我们了解的营养知识看，宝宝最好的"大补"是动物肝脏。

（3）重视肠道"微环境"建设。身体许多必需的营养素，比如维生素K，色氨酸、蛋氨酸等，都是在肠道里依靠细菌酵解产生，然后被机体吸收的。如果肠道的微生物环境搞不好，这些东西就要靠外源性补充，既麻烦又费力。

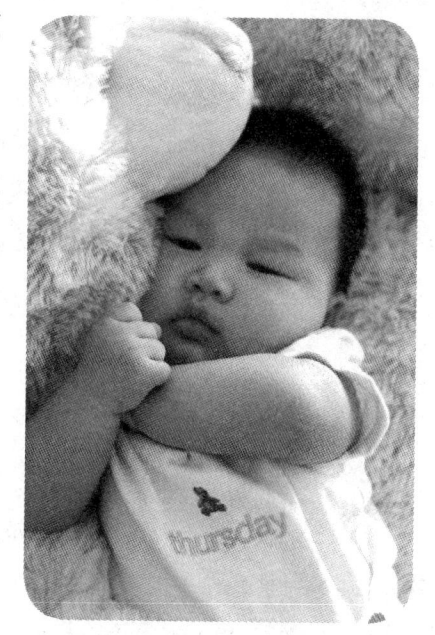

（4）不任意进行血微量元素等"营养试验"。了解病理生理的人都知道，血里的总钙含量、总镁含量等检测结果，并不等于机体的钙镁营养水平。如果有症状，当补则补（特别是钙，一般都推荐补），不要依赖这种化验。

（5）严格遵守周期性治疗的规则，除了钙这样重要的元素，其他铁、镁、锌等按需补充的营养素，都要按照医嘱或者有关说明材料设定一个期限，不能无限期地成为"日日补"。

文献精要

2001年的时候，我们曾因工作机会，近距离接触了十几位美国的七旬老人。给我们印象最深的是，他们的牙齿大多是完整的，而且步履矫健，大多数老人吃得饱、睡得香。

当时，有位宾馆的中年服务员，曾对这个美国老人团队感叹：看，人家的老人营养就是好。

虽然这不是个典型案例，但除去人种差异、社会文化和心理差异之外，美国的老人和我国的老人健康状况的区别之中，是否还有营养水平的差异呢？

如果有，这些差异主要发生在什么时候？

现代营养学认为，这个差异确实有，而且发生在婴幼儿期。随着医学和营养学等学科的发展，人们发现造成人群体质差异乃至影响寿命的营养供应水平，其最具决定性的时期不是成年之后，也不是青春期，而是婴儿期和早幼期。

所以，营养学开始非常重视这个时期，把这个时期的营养储备，称作人的"营养银行"。

因为这个话题是我们现学现卖的，所以干脆就引用丁宗一教授的论述：

> "营养银行"的概念凸显了早期营养对生活后期生命质量和营养状况的重要性，改变了过去对营养素每日摄取消耗相互平衡的狭窄认识。这个概念下的营养素平衡概念认为：营养素的贮存和流失是一个生理现象，儿童期以贮存为主要趋势。进入成人期后，随着老化进程，重要营养素的生理性丢失不断增加；到了生活后期，重要营养素在儿童期摄入足量者，其丢失速率比儿童期不足量摄入者的生理性丢失速率要低，丢失发生时间晚，丢失绝对量少；这对保持生活后期体质健康水平，保持该营养素生理水平和该营养素所支持的组织结构和生理功能处于良好水平具有极其重要的作用。这种儿童期贮备，生活后期保持良好的营养状况的生命现象，我们称之为"营养银行"。

这个"营养银行"中的"营养"二字，主要还是指矿物质、维生素以及糖类脂肪、蛋白质等供热物质。

我们把这个话题的文献看了一遍，发现论述并不十分多，这里试加以理解：

（1）营养银行指的是营养储备，但并不是说1岁时摄入的营养素就能储备60年。这个储备指的更多的是婴幼儿期因营养条件充足、机体发育良好而形成的体能、机能、免疫力以及自我清除等能力的"储备"。比如骨的发育，如果各种营养素特别是钙充足，骨发育好，长骨有足够的长度，骨骺闭合不早不晚。这些都是成人以后再补充大量营养也换不来的。

（2）不是说多吃营养素就好。银行这个概念有个小小的问题，银行是个不嫌多的地方，存钱多了多拿利息，但人体不行，特别是婴儿更不行。补充营养素是必要的，但补太多了可能会适得其反。比如维生素D，这个是有补充剂量要求的，如果给宝宝一天就补充上千个单位，那么非但搞不好这个营养银行，还要受其害引起维生素D中毒。

（3）不能拿单一的发育体征来判定营养素水平。比如有的宝宝出牙晚，宝宝爸妈看医生的第一句话往往就问，我们家宝宝是不是缺钙啊？这句话让医生没办法回答，出牙晚可能有缺钙的影响，但钙水平不是唯一的因素，机体的发育自有一套非常严格的密码，也许宝宝就是出牙晚呢！所以说，这时候盲目补钙或其他营养素，反而不能对症状改善和宝宝营养银行的储备有什么正向作用。

（4）注意间接补。比如肠道微环境不好，肯定会影响肠道营养素的吸收。医生这时会开一些有益的细菌让宝宝口服补充。不过，有时候这种活菌制剂效果并不好，可以考虑给宝宝服用"益生元"。益生元是一些促进肠道微生态环境"自愈"的化合物的总称，比如半乳糖—低聚糖添加进婴儿食物以后，可以促进婴儿肠道双歧杆菌、乳酸杆菌等的生长（后有专文论述）。

最后说一个不算题外的题外话，很多宝宝的家长头疼宝宝不爱吃饭的问题，总想给宝宝服用药物来改善。其实，这种严重影响婴幼儿营养银行储备的习惯，也许可以通过儿童的行为纠正来实现。丁宗一教授便多次论证过婴幼儿"营养气氛"的重要性：

> 营养气氛（或称进食气氛）包括烹调过程与家庭进食。尽量让儿童亲临食物烹调的全过程，通过这个过程，儿童接受有关食物，营养成分，烹调技术，饮食文化的多种教育，同时养成参与家庭劳动，爱惜食物，尊重他人劳动成果的品德教育。家庭进食或集体进食指家庭成员或朋友围桌而坐，充满亲情，愉快交谈，祥和进食。通过这个过程儿童受到适度摄食，充分咀嚼，细嚼慢咽等正确进食习惯的熏陶，同时加强人际交流，社会性合作性的养成。

我们觉得，营养银行这个话题只能说到这儿了。虽然学界对这个理念非常重视，但现在似乎还缺乏非常直观的证据——目前很难有长达60年、80年的追踪人一生的营养水平研究。而且，究竟该补充多大量的营养，才算是储备"够量"，也没有一个科学而具体的推荐数据。

我们觉得，这个理论至少可以这样理解：宝宝的营养会关系一生，应该合理而充足，当补则补。

从"辅食"到"泥糊状食物"

我家情况

从我家宝宝 2 个月开始，我们就开始为宝宝真正吃东西做准备了。查各种资料，都在说辅食如何如何加，而且你说你有理，我说我有理——最让人头疼的是，这两家说的是完全相反的。

反正，我们那时候还记得上学时儿科学老师的话，孩子在适当的阶段一定要添加辅食，否则一是将来吃东西晚，二是营养不好极易造成贫血，三是可能会让孩子学习语言延迟。

宝宝爸对这个"极易造成贫血"印象深刻。

14 年前，宝宝爸在农村医院工作。每到春天都要到各个村子里进行 0—1 岁的婴幼儿体格检查。按照当时下发的检查规程，每个 6—12 个月龄的宝宝都要进行血红蛋白测定。同时，对 1—3 岁的儿童都要进行血液常规试验检测（包括血红蛋白）。

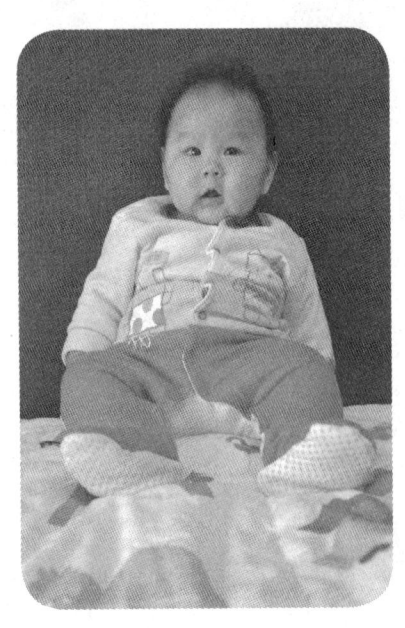

按照宝宝爸的经验，检测结果不容乐观。很多 1 岁左右的宝宝，血红蛋白含量都处于较低水平。在某年某村的结果中，低于 110 克/升的最低标准的孩子超过了检测总量的 60%——而这个村子还是比较富裕的，并不存在较为明显的生活困难。其实这些"营养性贫血"的情况主要还是辅食的问题。这个地区的传统喂养习惯都是以母乳为主，但添加辅食的时间比较晚，一般都传说要到宝宝长了"槽牙"——也就是前磨牙。而这时很多宝宝已经 1 岁多了，单纯依靠母乳已经不能供应宝宝营养所需，很多宝宝这时的体重已经低于 6 个月时的测量值。

所以，这个例子也算是极端地显示了晚加辅食的恶果。

我们对我家宝宝吃各种食物的"水平"还是比较满意的，我们写这个稿子的时候，宝宝刚刚 15 个月，但在 13 个月初，她已经完全和我们吃一样的食物了（间或我们也加些米粉之类的软食）。

我们和人家说我家宝宝一天吃 3 顿饭，和我们吃得差不多时，别的宝宝家长一般都会奇怪地问我们怎么做到的？

我们想想，其实也没啥特殊的，可能是我家宝宝比较馋吧，呵呵。

如果说真有经验，大概也就是不重要的几点：

（1）让宝宝看看食物制作过程。

（2）大人不躲避宝宝进食，每餐我们都和宝宝一起，从开始一直到结束。宝宝当然对不给她吃的一些食物有特殊兴趣，我们只好给她反复说明，为什么不给她吃，她长到多大才可以吃等等。

（3）水果、蔬菜喂足。我家宝宝基本没吃过蔬菜汁，到 6、7 个月时直接接触蔬菜了……

虽然这样，我们也是有不少教训的。最明显的，是加辅食的时间，我们按照大多数育儿书上说的，满 4 个月就开始了，结果宝宝腹泻不止。后来看文献我们才知道，世界卫生组织推荐满 6 个月时才开始。

还有我们按照一些书上说的，先加了蛋黄——这可能也是导致宝宝腹泻严重的原因。我们后来反思，如果从生理学知识倒推，也应该先加淀粉后加蛋黄的——我俩真对不起上学时的生理老师啊！

我们学的都不是儿科学专业，所以，直到本稿文献检索时，才发现一个重大问题：儿科学上已有意见认为，辅食的提法不正确，这个阶段宝宝吃的是"泥糊状食物"，这个阶段也相应要被称为"泥糊状食物阶段"。

为"泥糊状食物阶段"正名

"泥糊状食物"—"辅食"，也许有人会说，不就是换个名字吗，宝宝在这时该吃啥还吃啥。我们不这样认为，一个泥糊状食物的提法，至少对我们很有启发——可惜当时并没有接触到这个说法。

丁宗一教授对这个问题有论述：

> 重视和加强泥糊状食物喂养。不再使用"辅食"、"断奶期食物"等错误用语。"辅食"系"complymentary food"、"supplyment food"的错译。"断奶期食物"系"weaning food"的错译。

我们觉得，这个提法首先更改了这个阶段食物的主次顺序，米粉、粥等食物从"辅食"这样一个从属地位提升到了主要食物的不可或缺的地位。辅食，辅助，可能让大家觉得可加可不加，可早加可晚加。泥糊状食物阶段的提法简单明了，这个阶段宝宝就是应该吃泥糊状食物，适应什么吃什么，每天按需哺喂，直至过渡到完全固体的食物为止。

其次，奶的重要性并没有因此而下降。营养学上早已提出奶对人体营养的重要性，儿科营养学更提出"终生服乳"的概念。如果认同这个概念，人的一生将没有"断奶期"，只是从母乳换到人工乳，而且具备条件的将服用终生。

十几年前，我们曾在农村的儿童体检中，见过很多9—18个月的贫血患儿，几乎占体检对象的5%以上，更有20%左右的儿童血色素明显偏低。应该说除了血色素偏低，总体看他们还是健康的。主检的儿科医生一般只问3个问题，除了吃奶还吃其他食物吗？吃的是什么？孩子吃得饱吗？我们其实都知道，这些孩子的贫血，主要就是因为在泥糊状食物阶段没有给予足量泥糊状食物的原因（当时我们还是说"辅食"这个名词）。

出现这种情况，可能和农村的喂养习惯有关系。张亚钦等医生对北京、广州、武汉等9个城市的近5万人进行了"辅食"添加情况调查，结果显示4—5个月龄城区辅食添加率为82.5%，6—12个月龄添加率为98.9%，而郊区这两个数据分别为69.1%和96.8%，早期农村地区的添加率明显比城区低（不过需要提一下的是，世界卫生组织推荐婴儿从6个月起开始"添加辅食"，而不是更早）。

这个调查显示，添加泥糊状食物的类别方面，蛋、粥、水果的平均添加年龄为4—6个月，肉、鱼、面食、蔬菜的平均添加年龄为6—10个月，最早添加的辅食为水果、蛋，这个调查结果与意大利、瑞士的调查结果相似。

对于泥糊状食物的重要性，我们还将从营养银行概念和添加顺序等方面专门探讨。

泥糊状食物阶段,是宝宝身体突飞猛进的阶段,身长要增加25厘米,体重增加是孕期增重速度的3倍,可以说是爸爸妈妈和宝宝一起的一个特殊经历期。而且从文献报道看,泥糊状食物的意义,可能完全要超出营养和食物的意义本身。丁宗一教授写道:

> 咀嚼功能发育完善对语言能力(构音、单词、短句)的发育有直接的影响。许多在换奶期泥状食物添加不好的婴儿,其后期语言发育多有迟缓、不良等障碍。继而产生认知不良,操作智商低。

综上,在传统的添加辅食概念的基础上,婴儿营养专家不遗余力强调的"泥糊状食物"阶段,其实是在纠正我国婴儿喂养的一个误区,倡导宝宝的看护人按时和正确地将宝宝"送"入泥糊状食物阶段,为将来自己进食和摄取营养做好准备,为未来数十年的身体发育和健康做好"营养储备"。所以,这个泥糊状食物概念的倡导,无论如何美誉都是不过分的。

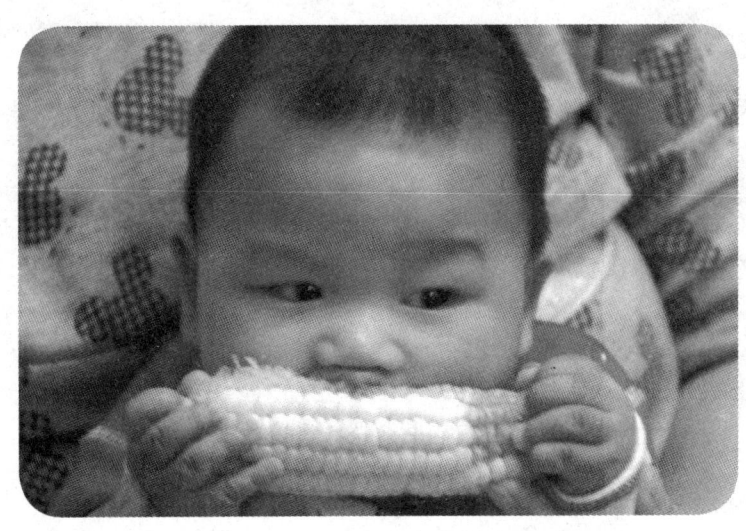

最后,还有一个过早添加泥糊状食物的问题。张亚钦等的调查发现,相对于部分地区宝宝进入泥糊状食物阶段过晚的问题,而有少数地区添加泥糊状食物的时间过早。

调查结果显示,城区调查对象1—3个月婴儿进入"添加辅食"的比率为11.0%,郊区调查对象这个比率为11.4%。"添加"种类方面,城区添加果蔬类食物,郊区主要加了谷物。应该说这个比率还是比较让人意外的,因为各种营养推荐材料一般都把"辅食添加"也就是进入泥糊状食物的阶段设定在4个月以后,几乎没有见过推荐在

3个月就开始。张亚钦等的调查分析也指出，这么早就"添加辅食"多是一种传统性的习惯。

这种过早进入泥糊状阶段的结果，就是"过早添加辅食与生长发育水平下降有关"（调查报告语）。而文献显示，来自非洲马拉维和欧洲的报告都提示2—3个月添加辅食的婴儿，其身长和体重都明显低于同期的母乳喂养婴儿。所以，这个过早添加辅食（也就是过早进入泥糊状食物阶段）的传统习惯还是应该检讨的，如果你过早地给宝宝吃东西，肯定会影响他的发育——本来是想给他加营养的，结果宝宝反受其害（还不说容易导致腹泻），肯定是得不偿失的。

扩展阅读

小儿贫血的简单鉴别

贫血的原因很多，最常见的几种是营养性（缺铁、缺乏维生素 B_{12} 等）、溶血性、造血障碍（再生障碍性贫血、白血病等）。

婴儿和儿童常见的是营养性贫血，特别是缺铁性贫血比较多。

传统的贫血诊断，要在胸骨或者髂骨抽取骨髓，再进行细胞染色，最终鉴别贫血的原因（类型）。

贫血诊断要结合病史，比如是否有胃病（提示缺乏维生素 B_{12}），是否有营养不良（提示可能缺铁）等。

也可以通过血常规实验进行初步诊断："全项"血液常规实验里的"红细胞平均体积""红细胞体积分布宽度""红细胞平均血红蛋白浓度"几个指标来鉴别。缺铁属于小细胞低色素性，缺乏叶酸、维生素 B_{12} 等属于大细胞性贫血。按照这个鉴别结果进行治疗，可能会收到较好的疗效。

吃饭,从"泥糊"开始

 我家情况和文献精要

关于泥糊状食物的问题,我们上一篇文章已经仔细研讨过了,不管有人是不是认为这种说法吹毛求疵,我们还是倾向于这种"理论正确"的提法,并乐于广布之。所以,虽然我家宝宝5个月的时候我们当时说正在"添加辅食",但现在我们来一个讲述式的时空挪移,统一叫做"转入泥糊状食物"。

上文已经提到,我们转入泥糊状食物的时候,犯过两个错误。一是添加了容易导致腹泻的水果(香蕉),二是先添加了蛋黄。这两个错误都直接导致宝宝腹泻。这种腹泻可以理解为机械性腹泻或者营养性腹泻,但就是这两次腹泻导致了我们转入泥糊状食物的过程被延后了几乎一个月,所以我们真正开始转入泥糊状食物的时间,是宝宝满5个半月。

这是我们第一个要检讨的问题,究竟转入泥糊状食物时,应该有什么样的顺序?难道真的像很多育儿书上说的一样,先添加蛋黄吗?宝宝直接吃生水果,合适吗?

在这一点上,我们后来看到的很多专业的儿科营养学文献,都是推荐先添加谷物类和熟制的蔬菜、水果泥(汁)。丁宗一教授曾这样表述这个问题:

> 一般情况下,添加任何一种食物都应从每次1—2小勺(匙)、每日1次始。在孩子习惯吃一种新添加的食物之前(大约需要1—2周),不要添加任何新食物。有的孩子常用舌头把食物推出口腔,但这并不表示孩子拒绝吃这种食物,而是因为对用勺喂食还不习惯。开始添加泥糊状食物时以米糊、土豆泥、白薯泥、水果蔬菜泥为主,在9—12个月时再逐渐添加肉、蛋、鱼泥。

这段论述有3个要点,一是先添加谷物和富含淀粉的食物,二是每种食物添加间隔要严格控制在宝宝能够接受的时间内(如1周),三是肉类食物要延迟到9个月龄以后。

其实，当时在看到书上说让先添加蛋黄的时候，我们从专业知识角度看觉得有些问题。但很多书上都那么说，加上老人也提倡我们给宝宝吃鸡蛋羹，我们也就没有深度质疑，直接给宝宝加煮蛋黄了。事实证明，这是一个超级错误的决定。

后来我们因为宝宝这次营养腹泻到儿童保健所看病的时候，被一位老医生直戳戳地问：怎么能先加蛋黄呢，要先加淀粉，淀粉！

所以我们觉得这一点上有些对不住宝宝。我们早已知道，鸡蛋黄的主要成分是胆固醇、脂肪和磷脂等，这些东西都对宝宝的发育有很大好处。但是，我们没有考虑，宝宝对这些能够接受吗？

从婴儿消化能力的发展顺序上看，在2个月以后婴儿唾液中才开始出现淀粉酶，接下来各种消化液和消化酶依次产生。总的来看，人体的消化道从上到下对食物的消化顺序为淀粉——蛋白质、纤维素——脂肪及部分维生素等物质。这个顺序基本上也是婴儿消化能力发展的顺序，也就是说，婴儿个体首先具备的是消化淀粉（包括多糖和单糖）的能力，接下来才是蛋白质（包括胨、䏡和氨基酸），最后才是各种脂肪。

如果按照这个发展生理顺序来推导，那么在宝宝4个月龄时添加蛋黄，是一种错误的理论，应该纠正。

第二个问题是，泥糊状食物的转入究竟从什么时候开始呢？

最近，我们读文献发现世界卫生组织的营养文件里，推荐母乳喂养时提到，母乳能够完全提供婴儿6个月龄之前的各种营养，无需添加其他食物。这是我们见过的最为保守的论述，而各种儿科营养文献，多推荐从4个月开始。

下一个想说的问题是，宝宝究竟爱吃什么食物呢？刚刚添加泥糊状食物的时候，他不能说，甚至不能给你指出来，而且吃东西时的好恶也不那么明显，你怎么知道他爱吃什么，不爱吃什么？

我们给宝宝添加泥糊状食物的时候，只能按照营养为先的原则，比如选择一些看起来营养比较全面的强化营养米粉，比如在米粉里加一些西红柿，比如蒸制一些苹果泥给宝宝吃。

主食方面，我们一直是米粉和强化营养面条交替喂，一般一天两顿面条及一至两顿米粉。后来宝宝一岁多以后，对米粉依然保持着兴趣，但只要一看到面条就会转过头去，更不要说吃了。这时候我们检讨，可能是宝宝不爱吃面条，但是当时我们也不知道啊，让宝宝白白吃了那么多碗面条，不知道那时她心里该多么不高兴啊！

邻居的老人告诉我们，民间一般都说怀孕的时候妈妈爱吃什么，出生后的宝宝将来就爱吃什么。当时我们对这个就是一听，没有上心。后来看到一篇文献介绍，国外曾有人做过追踪实验，每周给孕妇服用胡萝卜汁，结果宝宝出生后的一段时间以后也对胡萝卜汁的味道非常感兴趣。文献提出的解释是，宝宝的这种喜欢，肯定是源于羊水提供给他们的胡萝卜的味道。

文献指出，宝宝喜欢什么味道其实也源于接触味道的先后。羊水带入的味道可能是宝宝接触的第一个味道，也是家族口味的延续途径。而母乳则是第二个，也是真正从胎儿味觉过渡到食物味觉的中介。另有实验证明，母乳喂养的宝宝，接受新食物的能力要强于人工喂养的宝宝。

所以，我们现在就想啊，看起来我家宝宝的口味，还是要从她妈妈那里推导啊。

扩展阅读

我家宝宝的"泥糊"食谱

按照我们随手记下的一些笔记，我家宝宝的整个"泥糊状阶段"大约有8个月，也就是宝宝5个月龄到12个月龄。如果算上泥糊状食物和普通食物混合食用的时间，大概是10个月，结束时大概是宝宝14个月。

我们大概罗列了一下我家宝宝这几个阶段的食谱，其中有的是根据一些育儿书和教材的指导尝试的，有的是根据我们认为的宝宝喜好创造的，有时也因为身边没有其他好的食物，就那么凑合几天。

月龄	主要食物	一日频次	哺喂方式	食物来源	特殊情况
5	米粉	2-3	勺	购买	/
6-7	米粉（添加蔬菜汁、水果泥）	3-4	勺	购买 添加物自制	/
	水果泥（苹果、桃）	1-2	勺	自制	香蕉泥味道不好，放弃。

月龄	主要食物	一日频次	哺喂方式	食物来源	特殊情况
8-9	米粉（带添加物）、营养强化面条 水果泥	米粉面条轮流共3-4次 水果泥2次	勺 尝试用筷	外购为主	
10	营养面条 咀嚼米粉及普通米粉 水果泥（外购）和水果	主食3次 水果类2-3次	面条用筷子 米粉、水果用勺	外购和自制	外购水果泥不能吸食，倒出后用勺。
	外购水果泥不能吸食，倒出后用勺	偶尔			炒菜低油低盐，部分菜品我们帮助咀嚼。
11	早餐米粉 午餐软米饭、松软馒头加炒菜 晚餐面条 加餐用面包等 水果	一日三餐 上下午各一次加餐 消化不好时停米饭、馒头	用勺、筷子 宝宝用手捡食。	米粉、面条为外购	馒头外购，因自制馒头较硬。
12	米粉 米饭加炒菜（和成人一起吃） 加餐面包蛋糕奶油派等	一日三餐 两次加餐	用勺、筷子 水果直接咬食 宝宝可用勺送食物入口。	主要为自制	宝宝开始拒绝吃面条。
	多种素馅饺子	间或	宝宝自捡食	自制	
	花生米	间或	用勺 宝宝间或自食。	自制	我们帮助咀嚼后喂食。

关于这个表格，我们还想做一些说明。

我家宝宝的整个泥糊状食物阶段，大概可以分成3期。第1期是5个月龄到7个月龄，这时候是刚刚开始的起步阶段，宝宝完全吃糊状食物，添加的水果、蔬菜也比较少。第2期是泥糊状和软食结合的阶段，8—10个月龄，在宝宝仍吃米粉和水果泥的基础上，添加了软的淀粉主食，我们用的是强化营养面条。也许是这个阶段给宝宝喂面条多了，到她1岁左右，她开始拒绝吃面条，这个毛病一直延续到现在，不管是什么样的面条她都不爱吃。第3个阶段，我们将宝宝完全转入了软食和普通食物相结合的阶段。我家宝宝出牙晚，到1岁的时候才只是门齿长完全了，其他的乳牙刚刚有萌发的意思，但我们还是坚持让宝宝用这么少的牙齿和我们吃一样的食物。我们也帮她咀嚼一些不太容易嚼烂的食物，但大多数食物还是她自己咽下去的。

有人说不要让宝宝过早吃普通食物，有些育儿书上也这么说。所以我们在这里说明一下，虽然说是和我们吃一样的食物，但我们还是注意在制作时少加添加剂，减少不必要的操作程序，比如少放盐、酱油，油适量等。我们觉得，育儿书上说宝宝不要过早吃普通食物的原因，可能有些大人的食物不适合宝宝，也可能有的宝宝胃肠道不能适应普通食物的营养结构。

不过，我们不这么看。从宝宝7、8个月龄开始，我们就很重视进餐氛围的培养，给她买了高餐椅，让她和我们坐在一个桌子上，尽量和我们一起吃饭，宝宝这时也非常高兴，而且对我们的饭菜显示出莫大的兴趣。等到宝宝可以吃较硬的食物的时候，我们也诱导她用碗盛和我们一样的饭，加上她面前摆着大家吃的菜，她就完全融入到家庭的进餐氛围中。宝宝这时也非常高兴，吃饭又快又好。如果不让她和大家一起吃，她反倒会不高兴。而且很多大人吃的食物并不是我们主动喂给她的，而是她通过不懈地努力，向我们"要"来的。这样，宝宝就在我们还没有打算给她换成普通食物的时候，基本上完成了泥糊状食物向普通食物的转化。到满1岁的时候，她已经不再爱吃米粉等泥糊食物了，你要非得给她吃的话，她会叽里呱啦地对你说上好多话，仿佛在说，我要吃饭，不是这个糊糊！

从各阶段的食物来源看，我们购买的品牌米粉都加有各种营养辅助剂，看起来应该能够补充宝宝所需的营养。但我们还是根据宝宝的口味，添加了一些比较柔和的"糊糊"，比如蒸熟的苹果泥、捣烂的西红柿泥（生），有时候也加蔬菜汁。我们觉得宝宝单独吃米粉时并没有多大兴趣，加入这些东西以后可以显著改善口味，宝宝吃得口大，一顿饭吃得也比单吃米粉要多。

宝宝9个月龄的时候，我们开始尝试让她自食水果。最先给的是一截黄瓜。宝宝吃得很高兴，也吃掉了不小的一块儿。可惜不知怎么的，也许是咬到嘴里的块儿太大了，宝宝卡了一下，吓得我们赶紧按照气管异物的处理方法给她拍背。宝宝哭了一会儿后沉沉地睡了。这次"惊吓"让我们检讨，宝宝学习自食不要操之过急，要循序渐进，自然养成，否则就可能会出现意外。

上面这个表格里列了一个花生米。为什么把它单独提出来呢？当时我们想，给宝宝吃一点儿坚果，坚果里面丰富的各种脂肪酸对宝宝的发育很有好处。开始，我们是咀嚼了喂食，宝宝也很爱吃。后来宝宝开始动手"抢"盘子里的食物，有数次都抢过去自己嚼了半天。直到再也嚼不动，才把大米粒大小的小块花生米吐出来。

当时我们也没觉得什么，可后来看专业文献才发现，有人提出严禁给3岁以下的宝宝直接喂食花生米等坚果，否则容易引起吸入性气管异物。看到这个我们感觉有些后怕，既然能把这个写在教材上，那么就应该是前人教训的深刻总结，我们还是就此改了吧，让宝宝坚决和花生米等坚果绝缘！

这里简要回顾的是我家宝宝整个泥糊状食物阶段的进食选择，因为只是"一家之言"，不具有什么科学性和参考价值，大家就当做是一个个案，或者一个简单的记录吧。

宝宝将来有多胖？

 我家情况

我家宝宝开始吃饭算是比较正常的，不早也不晚。到宝宝 1 岁时，可以和我们一起进餐，主要是挑一些软和油盐适中的食物喂给她。到 13 个月时，宝宝已经学会接过装满食物的勺子放进自己的嘴里了。当然，这时她自己挖取食物还有点儿困难。

我们上学时，经常听儿科和营养学的老师讲幼儿要适量进食，防止肥胖。当时觉得这个简单，不是有很多宝宝都不爱吃饭吗，那就饿着他得了，直到他想吃饭为止！

结果自己家的宝宝真的开始吃饭了才知道，作为父母，我们是多么希望宝宝对面前的食物感兴趣，多么希望宝宝能多吃一点儿，快快长大啊！

甚至如果哪次宝宝少吃了一点儿，我们都会担心她出了什么状况，是不舒服，还是不饿？或者不喜欢今天的饭？反正归结到一句话，就是喜欢看到宝宝大口吃饭，吃得多我们才高兴呢！

老实说，10 个月之前，宝宝的进食量确实容易控制，泥糊状食物加上普通固体食物，再加上我们帮宝宝咀嚼的蔬菜、水果等等，每顿饭每天的进食量我们都可以用容器精确地衡量出来。可自从宝宝和大人一起吃饭以后就比较麻烦了，每个人的碗里她都要看看，都想拿出来吃一口——而且她的磨牙根本就没长好，很多食物都是囫囵吞下去的，不让吞还不行，最终她的食入量确实只能靠估算了。

大约 1 岁的时候，宝宝的自立意识开始变强，不仅吃什么要自己做主，连吃饭也不喜欢我们喂了。我们便开始锻炼她接过装满食物的勺子，自己送进嘴里。不过，如果真让她自己挖取碗里的食物还是不行的，毕竟她还小嘛。

由于宝宝每顿饭几乎都吃得很香——碰到她不爱吃的食物除外——我们不再担心宝宝不吃饭了，我们开始担心她是不是吃得太多，特别是有时候她的零食和饭离得太近。

当然，我们最担心的，还是宝宝出现肥胖。好在宝宝出生时就是 5.9 斤，刚刚好，

每次到医院量体重，都在标准范围，3—6个月时看起来胖胖的，仍处在正常范围。1岁的时候，体重是19.5斤，也算是正常的。

也许有人会觉得我们多虑了，宝宝胖一点儿有什么呢？每家的宝宝都胖瘦不同，而且大家常说宝宝胖一点儿不是坏事，现在的胖瘦和将来的胖瘦无关。

我们学习的专业知识告诉我们，儿童期肥胖，特别是严重的肥胖可不是一件好事。不仅这种肥胖很可能会延续到成年期，而且很可能会引起老年以后的再次肥胖。也许有人以为小孩子"壮"一点儿没有关系，但很多研究已经证实，儿童期肥胖可能会严重影响胰岛功能，影响脂肪代谢，甚至在血管上埋下血栓的风险因素。胰岛功能不好会增加糖尿病的风险，脂肪代谢、血栓风险直接指向各种严重的心脑血管疾病。所以，我们认为我们担心的肥胖问题是比较重要的。宝宝的营养是很重要，宝宝的壮实也很重要，但不能出现严重超重的肥胖。

既然肥胖很麻烦，那么宝宝未来的胖瘦，现在可以预测吗？

文献精要

这里有必要引入一个"脂肪重聚"的概念——别说我们总是引用晦涩的概念啊，没这个还真说不清楚问题，这个理论的名字可以不记，但内容非常实用哦——Prokopec M医生1993年发表一个对300个研究个体进行20年随访的结果，发现宝宝在出生后第12个月体内脂肪量第一次升高，随后出现下降，到4—8岁时出现第二次体内脂肪量的升高。

脂肪重聚，就是指4—8岁时出现的这次体内脂肪量的增加，重，就是第二次的意思嘛，重聚，就是说孩子们第二次出现"增肥"。

脂肪重聚有什么意义呢？

首先，研究发现，脂肪重聚后是否超重，和12个月时脂肪增加后是否超重，都和成人后是否肥胖密切相关。

其次，有一组50年随访的研究报告，儿童肥胖者中大约有30%会延续到成人肥胖，而且这种肥胖不是无害的，数据显示这种肥胖将增加其发生心脑血管意外的患病率和死亡率。还有一组40年随访资料，显示超重儿中有20%—60%的概率在成人期发生肥胖。

丁宗一教授等对全国11个城市超过20万人的抽样调查显示，我国儿童脂肪重聚的年龄在 5 岁左右。由于前人资料认为，脂肪重聚发生越早，成人后发生肥胖的几率越大，所以至少这个数据显示儿童未来肥胖的"预期"是不低的。

说到这儿，这个脂肪重聚的概念就非常好理解了，既然人人都要发生脂肪重聚，那么只要看看宝宝 5 岁左右微微发胖以后，是否超重，和超重的严重程度，就对宝宝长大后是否肥胖有一定的预测作用了。

也许有人会说，脂肪重聚是 5 岁以后的事，和宝宝 1 岁无关啊——其实刚才也说过了，宝宝的脂肪"首聚"，也就是 12 个月时候的整体肥胖情况，是不是超过了合理的体重范围，同样对未来的脂肪重聚时是否超重、成人后是否肥胖有预测作用。

当然，这个"预测"时间点是建立在大样本纵向统计资料的基础上，对于每个个体也不是都有效。

需要说明的是，12 个月和 5—8 岁两次体内脂肪堆积是非常正常的生理现象，不要为宝宝这时的"发胖"发愁，更不能因为这两个时间窗口对将来宝宝的胖瘦有预测作用，就在这时候强行干预宝宝的体重，甚至让宝宝"减肥"——因为这个窗口对未来的预测仅仅是一种经验性的，不是说这时候外加人为干预，就能影响未来的宝宝胖瘦，这一点是非常重要的！

这里，我们再引用一些丁宗一教授对 20 个人大样本的调查数据：整个调查肥胖儿检出率为 2%，其中超重儿为 4.2%。从肥胖程度看，轻度肥胖多，重度肥胖少。

下一个问题是，如果想保证宝宝正常成长，不过度超重，应该注意什么呢？

文献大多都提醒喂养人注意一个"肥胖样进食"的问题。所谓"肥胖样进食"，主要是进食时选择的食物块儿大，进食时咀嚼不细致，吃得快，整体看进食速度很快，单位时间内摄入食物较多等。如果用民间的说法，就是宝宝"抢食"。这种情况一般在宝宝 18 个月以后出现。

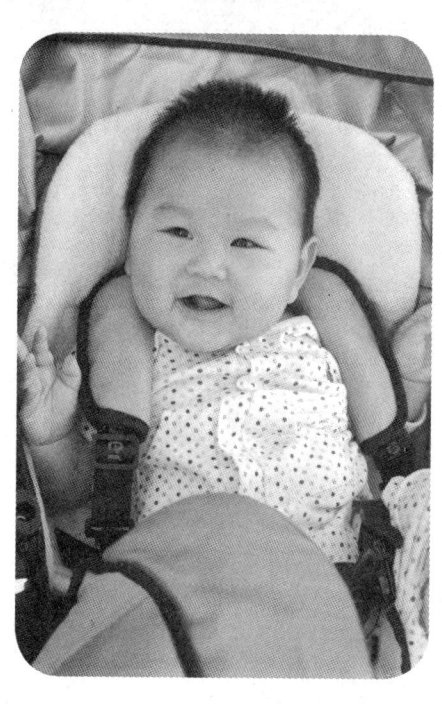

可能很多宝宝都有这样一个习惯，因为很多时候他们嘴里的食物还没有嚼完，就看到了下一个准备吃的"香香"，这时他们会很快把嘴里的东西囫囵吞下去，以便快吃下一口——如果宝宝长期维持这种习惯，确实可能会影响她的肥胖预期，所以这种坏毛病还是慢慢克服掉为好。

扩展阅读

婴幼儿的肥胖干预

改变"饱阈"。阈这个字就是界限的意思，也就是说宝宝对自己是否吃饱了，有一个自己的标准。而肥胖的宝宝很可能是自己把这个标准定得太高了，用通俗的话说就是喜欢吃"十分饱"、"十二分饱"。这时喂养人应该通过各种手段，限制其食量，争取把这个"饱阈"降下来，比如先从十二分降到十分，也许将来再降到七、八分，这样宝宝的摄食量下来了，肥胖自然会有改善。

降低进食速度。宝宝吃得过快，可以采取分次给予食物的方法，尽量拖慢进食，这样食物在口中和胃中的消化会增加饱腹感，宝宝自然会少吃一点儿。

改变饮食结构。有的宝宝吃主食过多，吃肉、油、蛋糕及甜食等高热量食物过多。可以诱导他们多吃蔬菜、水果和低热量的粗粮，降低热量摄入。

一般认为，增加运动可以消耗掉更多的热量，减少能量储备，这对于控制体重也是有效的。

同时，最好改变吃饭时看电视、心情压抑、睡前进食等不良饮食习惯，也可以让宝宝吃得更健康。

宝宝吃饱了吗？

我家宝宝还没出生的时候，我们也做了一些"功课"。其中对宝宝是否吃饱这个问题很是担心：宝宝又不会说话，还可能很贪吃，吃奶吃不饱怎么办？吃撑了怎么办？

其实这是个没有答案的问题，育儿专家可能会给你 n 种方法，但最终你的方法却偏偏是 n+1。其实这个问题也非常简单，经历过的人基本都有自己非常实用的方法。

我们最先碰到的问题，就是如何判断宝宝的奶吃足了没有。早先我们在做"功课"的时候，记忆最深、认为最靠谱的是《实用儿科学》记载的方法：按照体重和母乳的热量来计算宝宝每天的需奶量。

比如宝宝体重3公斤，按照284.5KJ/100毫升（千焦耳）来估计母乳的热量值，而宝宝的热量需要是460千焦耳每公斤·天，那么宝宝一天需要的母乳量约485毫升。

而书上提到的"科学哺喂"方式，是每天喂乳 5—6 次，从早上 6 点开始，到夜里 11 点结束，没有夜奶（这个要实践起来有点儿难，反正我家宝宝是要吃夜奶的），若奶水充足，可以换侧哺喂，每次吸空一边，饱了即可，不足或下次哺喂再吸另一侧。

按照每天需485毫升，平均摊到每次哺乳就是80毫升。可以在哺乳前称一次体重，哺乳后立即再次称量，增重部分就是哺喂量（这个记载没有提到如何把奶的重量换算成体积，我们觉得他就是默认1毫升奶等于1克这个模糊算法了）。

听起来这套方法够系统，也够客观吧！

可问题是，理论永远是理论。我家宝宝出院后，第一天我们准备按照"理论"的说法，不给人工乳，利用1天左右的时间锻炼她的吸吮，早日把母乳吸下来。结果别看小家伙的年龄还是以天计算，脾气可着实不小。你不给我吃，我就哭，使劲儿地哭（虽然当时这哭法和现在的哭法比起来绝对是小巫见大巫）。这哭声把我们惊着了，我们第一次意识到，即便身为父母，可能你也不能总是帮宝宝来安排事情，她饿了，就要吃东西，天经地义！

所以，宝宝出院后一周，我们基本都是母乳（当时还很不足量）和人工乳混合哺喂，哺喂量也挺容易控制。

后来母乳足了，也是宝宝想吃或间隔超过3小时我们就喂一次（这样算下来一天要哺喂约9次，书上说的一天定时5—6次，完全做不到，放弃！），并按照哺乳次数和入睡的安稳程度，推断宝宝吃饱了。

现在回头来看，这个方法算是"凑合"了——宝宝经常吃奶后就睡了，而且睡得很轻，哺乳后量体重根本就不现实。

若是人工哺喂的宝宝，掌握起来可能更简便一些——毕竟宝宝喝掉的奶量历历在目。不过，我们犯过一个小错误。因为人工乳配制都是严格按照毫升数来的，我们加了30毫升水配奶，就认为配好的奶是30毫升，实际上奶粉加入水中，体积都有15%左右的增加——宝宝爸后来检讨，真是白学分析化学了，连溶液这样的基本功都忘了——所以，宝宝喂乳量应该根据配好的奶实际毫升数计算（小提示：不同品牌的奶粉配出的实际体积也不大相同，换牌子后应注意）。

宝宝进入泥糊状食物阶段以后，关于她是否吃饱这个问题，也着实让我们摸索了一番。一开始的添加还没有注意时间规律，看护人都是看着宝宝可能需要吃东西了，就延长人工乳的喂奶时间，加一次米粉或者水果泥进来。后来我们自己带了宝宝几天，觉得这样不行，还是应该培养她的饮食规律，这样和她的睡眠规律结合起来，才能够养成基本的生活规律。

于是，我们尝试在早上、中午规律喂宝宝吃泥糊状食物，并在下午和晚上两次喂水果泥。早上因为宝宝吃奶，并喜欢起床以后让大人抱着在家里到处转转，所以轮到吃米粉的时候，已经是将近9点了。这顿饭我们是按照经验确定宝宝的食入量，如果宝宝没有特别想继续吃，我们就喂一个我们觉得可以饱的量。中午那顿我们会在米粉里添加一些水果，所以量比较大，这顿宝宝也吃得多，但我们还是没有发现宝宝有什么关于饱或者饿的规律可循。

到宝宝7个月龄的时候，我们开始摸索给她多添加一些水果和蔬菜的泥状物，这时她已经有了一些反应，如果我们的米粉比平时喂得少，她会不高兴，做出想继续吃的表示。

而到宝宝9个月龄，我们给她增加了营养强化面条的时候，宝宝一天的非奶食物已经达到5顿（其中主食3顿）。这时我们主要还是按照经验控制宝宝的摄食量，但每顿饭如果喂食过少，宝宝已经会用呀呀声表示不满，或者直接去抢大人拿着的勺子了。

所以，到软食这个阶段的时候，我们就主要根据宝宝的反应来判断她是否吃饱了，如果这时她的确没有吃饱，有时候会引导大人抱她到食物放置的地方——这时，我们当然也就知道宝宝还饿，要吃点儿东西了！

我们现在回顾这一年的喂养经历，非常希望能找出一个判断宝宝吃"饱"的最好方法，而不是完全的经验主义。因为很多调查文献告诉我们，有的父母担心宝宝吃不饱，在满月之后甚至半个月内就给宝宝添加了"辅食"，反倒造成宝宝在3个月以内发育迟缓，体重和体重增加率都低于完全母乳喂养的宝宝。

有的父母因为喂得过饱，睡眠中的宝宝胃中奶液倒溢造成了呛奶……

还有的父母遵照"孩子要有七分饱三分饥"的传统，担心宝宝存食，总是不给宝宝喂饱，宝宝在整个母乳期的体重增加都不理想。

我们觉得，如果非要找一个简便而实证的方法的话，那就——看大便吧。

我家宝宝在4个月之内，曾连续两次出现长达4、5天的便秘（而且是出现在每天7—8次的"乳糖泻"期间）。第一次我们请儿科医生开了助消化的药，吃了似乎好了一点儿。第二次我们又去开了药，还准备好了开塞露。好在当天晚上（已无大便整5天）宝宝就拉便便了，大家都松了一口气。

后来宝宝爸突然想起某篇文献提到的问题，宝宝吃不饱奶消化过度就会没有大便，于是尝试给宝宝增加了哺乳时间，并努力让宝宝在清醒时哺乳，不让她吃一半就睡了。结果这样增加哺乳量以后，这么严重的便秘再没出现过。

举这个例子是想说明，大便是我们判断宝宝营养和消化情况非常清晰的一个指标——如果宝宝消化正常，大便黄色偏深呈泥状、且奶瓣不多的话，大便的日总量就是一个非常好的指标了。只要每日或隔日能正常排便，便量达到一定期限内（比如一周）的平均水平，宝宝的哺乳量就在正常范围。

若便便过少，可以适当提高总哺喂量。若过多且宝宝有爆发增重，建议用"称重"法检查一下宝宝哺乳量是否大大超过了上文提到的热量需要。

如果出现了过量喂食，宝宝可能因为消化不及，将大量的食物原形排出，这时看到的大便颜色浅（因在肠道中待的时间较短），松散（纤维素消化不完全，且各种食物原形黏性差），大便量多、次数多，但没有任何腹泻的表现，这时就应该考虑宝宝是不是吃多了？如果同时伴有宝宝体重的过快增加，更提示喂食过多。

当然，这仅仅是我们的一家经验，仅供参考。

其实，每个成年人的饭量都是有差异的，宝宝在这方面也是一样。但需要注意的是，宝宝的饱腹感更加建立在饮食经验的基础上——也就是习惯多吃了，少吃后就觉得饿；习惯少吃了，也不会想吃太多，这更像是一个经验习得而不是先天的能力。这就造成一个问题，既然宝宝的饱饿感觉受到大人喂食量的影响，那么宝宝的饮食是否足够，是否过量，都是难有一个准确的判断标准的。

我们觉得，还是在上述各种方法之外，辅以较长期限内的臂围、体重增加指标，因为这些指标直接反映着宝宝的发育状况，评价比较客观且有数据可循。如果这些指标明显落后了，首先应该考虑的是宝宝的营养状况，宝宝吃饱了吗，吃得营养好吗，都可以反映在这些数据上。用宝宝的数据和地区平均数据比较，结果将会一目了然：不足时宝宝爸妈要考虑帮宝宝追上来，超过了，则应该考虑食物减量。

营养：猪肝 NO.1？

我们小时候刚刚能够记事时，每天吃饭就是有什么吃什么，有的好吃的只有过年过节才能吃到呢。我们记得，那时候去看病人，带的礼物往往是橘子汁、麦乳精，大家都说这个"营养好"。

现在我们知道，那时候的橘子汁只是维生素C和甜味剂、色素的混合物，所谓麦乳精，其中反式脂肪酸的含量也是不低，而现在大家已经普遍知道植物奶精和植物奶油对健康的危害了。

反正我们小时候大人总是说，这个好有营养，那个好有营养，你们多吃点儿。我们也记住了这句"有营养"。那时候的人们生活刚刚好起来，对食物的营养和健康饮食逐渐重视起来。在我们的印象里，几十年中至少有过"红茶菌潮流"、"糊的食物致癌风波"、"全民吃肠道菌"（好像是叫三株吧？）等多个具备标本意义的营养事件。走过了这些"弯路"，公众的营养知识和营养观念也逐步成熟起来。

比如，那句"有营养"其实没有什么意义。某一营养素再丰富的食物，也有适合的人群，而且"有"是个什么概念，是就某种营养素说可以补充一点儿，还是可以完全补充所需？

人类需要的最重要的三种营养素其实非常简单，糖、脂肪、蛋白质。这三种东西普通食物里含量最高，是不是这些普通食物应该是"最有营养"？除了这些营养素之外，维生素、矿物质、纤维素都应该如何摄取？最近有人提出补充核酸，经典理论认为人体无需补充核酸，那么这个核酸能不能算是"营养"？

所以，营养是一个很宽泛的概念，补充每日生活的能量所需是营养，补充维生素、矿物质，当然也是补充营养。某一种营养对某一人群属于急需品，比如叶酸对孕期的妇女，而另一种营养素对于某一特定的人群又没有什么价值，比如碘物质对于富碘地区的人们，铁营养物对于新生的婴儿（婴儿已经从母体得到充分的铁，暂不需补充）。

同时，营养素缺乏是一个系统性的问题，比如高氟地区产生的氟骨症，低硒地区出现某种严重的地方病等等。要想通过补充营养素来纠正，也不是一日之功。而且纠正以后，为防止出现新的问题，还应该定期补充这类营养素——这是营养补充的方法学问题，营养素的补充，不是吃几次"营养"就可以一劳永逸了。

我们提到"补"的时候，没有医学背景的普通公众第一反应就是吃药。我们的一位老师曾在课堂上打趣说，国人想到补，先会想到人参，然后是鹿茸、海马、当归等等，就不想想先把饭吃好。

他这段话说得有些偏激，但揭示了一个问题：营养素的补充首先应该是通过食物解决，食物解决不了的可以专项补充，或者利用各种生活方式的改变或体育运动来改善营养水平，如晒太阳可促进体内维生素 D 的合成。

食物就某一营养素而言，其营养价值也各有不同。

比如，说到钙，首先就是各种动物的奶，如牛乳、羊乳，接着才是豆制品如豆腐，还有各种蔬菜如莴苣等。说到维生素 B_2，肯定是麸糠里面含量多。需要专门补充这些营养物质时，可以先考虑这类食物。

对于宝宝而言，预防性的营养补充，应该考虑的就是按照宝宝身体的需要，在某一阶段增加某些特定的食物，以补充所需该营养素。也只有关照到了这些富含营养素的特殊饮食，宝宝的饮食结构从营养补充方面看才能趋于合理。

曾有朋友问我们，什么食物对宝宝最有营养啊？

我们想了半天——这又回到了"有营养"的问题上了——如果真的让我们推荐一个对宝宝补充各种必需营养素都有好处且含量均衡、容易吸收又没有什么毒副作用的食品的话，那么我们就推荐动物肝脏吧，最常见的应该是猪肝。

我们把猪肝的营养成分简单列一下（每 100 克含量）：

铁（毫克）	22.7
蛋白质（克）	19.3
胆固醇（毫克）	288
维生素 B_{12}（微克）	0.3
维生素 A（微克）	16.0
叶酸（微克）	1000
钙（毫克）	143

　　如果把这些营养素的含量和其他食物比较一下可以发现，猪肝中铁、维生素 B_{12}、叶酸的含量都远远超过其他食物。而这些营养素都和造血机能有关，所以有人称猪肝为"补血之王"。除了补血之外，肝中的维生素 A、维生素 C，以及多种微量元素的含量都具备临床治疗性补充的价值。

　　所以，如果宝宝的消化能力已经可以适应动物肝脏的话，特别是在 8—12 个月的低血色素期，应该给他多吃点儿肝，达到食补、保健的目的。

鉴识配方奶粉

 我家情况

宝宝爸上学时选修过营养学,非常清楚地记得老师说过牛奶不要直接给婴儿喝,兑水加糖后才行。老师不是戏言,这种稀释了并加糖的牛奶,就是非常原始的婴儿代用乳。估计现在是没人把这种乳给宝宝吃了——市场上堆满了各种配方奶粉,现在家长头疼的是选哪一种。

在互联网论坛上看大家的选择,发现有"不要最好,只要最贵"的趋势,很多人还到海外去代购日本、欧盟等地没有进入中国的品牌。我们想问一个问题,大家是凭着什么选择配方奶粉品牌的,口碑?广告?还是专业人士的推荐?还有,大家知道奶粉上标注的"肠道活力配方"、"益智专业配方"等等宣传,都是什么成分?

其实,宝宝刚出生的时候,这些我们也不知道——不是不想做功课,而是总有一种感觉,宝宝的母乳肯定是够吃的!

最终,我们的直觉赢了,除了出生后第一周宝宝单独吃了几天配方乳,后面混着吃了几天配方乳和母乳外,以后的日子里母乳完全能够保证宝宝所需。现在回头看起

来，我们对这个还是非常庆幸的——我们知道，母乳可以提供给宝宝最重要的就是免疫力，而这个是多贵的配方乳也买不来的。

基于这个原因，我们似乎在配方乳选择上没有什么发言权。本来么，有充足的母乳，宝宝对配方乳没有什么依赖，也没有什么选择。宝宝初生在医院的时候，是医生给的牌子——我们有理由怀疑这个被医院指定的奶粉厂商是做了"工作"的，因为很多宝宝适应了一种奶粉，再适应另一种会出现不少问题。

宝宝 5 个月的时候，我们换用了一种新品牌的配方奶粉——不是原来的有什么问题，虽然很多人说这个品牌"火大"及宝宝容易便秘等——而是单纯出于安全的原因，人家不是都说"鸡蛋不能放在一个筐里"吗，宝宝的奶粉也是同理，汲取三鹿奶粉的教训，多换几个品牌的奶粉没有啥坏处啊。

互联网论坛上都说宝宝换奶粉很是麻烦，不过我们换的时候没有啥问题，混合着喝了几天，就换成新的了。

后来宝宝妈在宝宝 5 个月的时候开始上班，那宝宝白天的奶就只能用配方乳来解决了。也是因为配方乳在宝宝饮食结构中的比例大大上升，加上宝宝正在适应泥糊状食物，时不时有轻度的腹泻，所以我们没有按照销售人员和奶粉说明书的推荐，在 6—7 个月的时候换用"第二段奶粉"（也就是适用于 6 个月至 1 岁的宝宝的配方奶粉），而是在宝宝 7 个半月至 8 个月的时候才换上。

我们不知道大家在选用配方乳时，都看商品包装上的什么信息。很多人在论坛上提示看原产地，少数国际品牌的标明产地是上海等国内地区，虽然这些厂家声明这只是分装地，但花这么多的钱买了国内产地的奶粉，相信很多人心里都不舒服。

我们开始选配方奶粉的时候，主要看那个营养成分表，是不是含有亚麻酸亚油酸，是不是有 DHA 和 AA，还看看当年老师耳提面命地教过的"钙磷比"，是不是在 2:1 和 1:1 之间。我们还清楚记得教材上说过，钙磷吸收是相辅相成的，婴儿人工乳中的钙磷要稳定在一定比率，否则即便含钙量高也会导致吸收不良。

继续往后选择的时候，发现各种品牌奶粉的"分段"不一样，有的品牌按照 0—1 岁、6 个月—2 岁、1—3 岁来分段，每段一种配方奶粉，有的按照 0—1 岁、6 个月—1 岁、1—3 岁来分段。而且仔细看各个品牌给同一月龄的宝宝安排的配方奶粉最终浓度也很不一样，一个美国品牌给 13 个月的宝宝的配方奶粉总能量为 421KJ（千焦耳）每 100 毫升，而另一个美国名牌的总能量仅为 308 KJ 每 100 毫升。相应的，能量高的蛋白质含量为 3.5 克/100 毫升，能量低的品牌蛋白质为 2.6 克/100 毫升。

这个选择就有点难了，毕竟在宝宝进入泥糊状食物阶段以后，对配方奶粉的能量和营养含量值已经没有了硬性的官方规定，选能量高的，还是能量低的，就看你家宝宝的需要了。

关于这个浓度差异还有一个小故事，我们曾经和别人聊天，谈到不同浓度的配方奶粉的浓度相差很大，配制时加的奶粉量也差不少。旁边一位宝宝妈惊呼，啊，还有这事啊，不行我得回家看看去，我们家换了奶粉，好像那个量奶粉的勺还是用的原来的，不会配错了吧？看着她离开的背影，我们真是哭笑不得。

后来宝宝将满1岁的时候，我们准备给她换吃新段的配方奶粉。在仔细看说明书成分的时候，发现添加有丙酮酸杆菌。仔细看了看，没错，确实添加了肠道益生菌。此前我们还没见过这种添加的，于是做了做功课，发现配方奶粉的发展真是日新月异。

这种添加了丙酮酸杆菌的奶粉，就属于新兴的"舒适配方"。所谓舒适配方，是相对于过去的传统配方而言的。也许在大家的认识里，配方奶粉就是会引起宝宝的不适，特别是大便干燥、上火，或呕吐、腹泻乃至烦躁哭闹等。其实这是由于宝宝对配方奶粉的不适应造成的，从成分上来看，配方奶粉虽然接近母乳，但还是和母乳有很大的差异。

能不能让配方奶粉变得对宝宝友好一些？舒适配方应运而生，其实就是添加了益生元或益生菌的成分，蛋白质方面多选择水解蛋白，如水解乳清蛋白和水解酪蛋白。对于宝宝孱弱的肠胃而言，水解蛋白更容易消化，更适合宝宝，让宝宝的消化吸收和排泄变得更为舒适。

由于配方奶粉大量导致便秘，所以有的舒适配方奶粉中添加了β—棕榈酸盐。因为很多小婴儿出现轻度乳糖不耐受的情况，所以舒适配方多减少了乳糖的含量，但基于乳糖对钙吸收的促进作用，没有完全去除乳糖。

由于人类对牛乳蛋白过敏的比率最高报告为7%，所以还有一种新型的配方奶粉主打"防过敏配方"。要防治对牛乳蛋白的过敏，可以考虑换用大豆蛋白为主的奶粉，也可以选用这种防过敏配方奶粉。

防过敏配方奶粉主要是采用部分水解蛋白，降低乳液的抗原性，使机体不再发生过敏反应。资料表明，食用水解乳清蛋白可以降低6个月以下婴儿的湿疹和腹泻发病率。水解乳清蛋白和水解酪蛋白是防过敏配方的常用成分。

说了这么多，回头看看，也许没有什么重要的信息，可能对大家选择配方奶粉没有什么帮助。其实说到这个品牌的选择，归根结底——我们觉得如果你能够准确鉴定宝宝的口味的话，还是应该以宝宝的口味为准。不管怎么说，给不给奶喝、给哪种奶喝是爸妈的事，但爱不爱喝是宝宝自己的事。

欧洲儿科胃肠病、肝病和营养学会曾牵头制作了一个关于婴儿配方奶粉的全球标准建议。建议中对有关指标进行了详尽规定或倡导，可能会对鉴识一种配方奶粉的优劣有一定价值。

（1）核苷酸

文献支持核苷酸添加后的有益作用，所以添加是必要的。由于过高添加可能会增加呼吸道感染的风险，所以添加不应该超过一定标准（5mg/418.4KJ-1）。

（2）反式脂肪酸

反式脂肪酸对婴儿没有明确的益处，反倒可能会破坏线粒体中必须脂肪酸的去饱和。故不鼓励在婴儿配方奶粉中添加氢化植物油，反式脂肪酸的含量不应超过总脂肪含量的3%。

（3）糖（蔗糖、果糖等）

遗传性果糖不耐受症是一种严重的疾病，摄入果糖后会发生低血糖、呕吐、营养不良甚至肝硬化，严重的发生猝死。所以"建议"要求在4—6个月以内婴儿使用的配方奶粉内，不要添加任何果糖或蔗糖成分。

葡萄糖可以与蛋白质发生非酶化反应，可以提高配方乳的渗透浓度。这些对宝宝是不利的，所以不建议婴儿配方奶粉中添加葡萄糖。

（4）乳糖

乳糖进入婴儿肠道后，可以调节肠道菌群发挥益生元的效应，增加水钠和钙的吸收，对婴儿是有益的。但少数婴儿会因为摄入乳糖发生乳糖不耐受，或者类似不耐受的症状，出现轻度腹泻。所以"建议"同意添加乳糖，但不能提供限制剂量。

（5）大豆蛋白

以大豆分离蛋白为原料的配方奶粉中蛋白质的最低限量应为2.25克每418.4KJ-1，上限为3.0克每418.4KJ-1。

（6）必须脂肪酸

为确保亚油酸和a-亚麻酸之间，以及其代谢产物长链多不饱和脂肪酸和甘烷类之间保持适当的平衡，建议亚油酸 / a- 亚麻酸比例为（5-15）:1，同时适当限制 a- 亚麻酸的含量。

若添加长链多不饱和脂肪酸，乳粉中 DHA（二十二碳六烯酸）的添加量不应该超过总脂肪摄入量的 0.5%，AA（花生四烯酸）的含量至少应与 DHA 相同。

（7）角叉菜胶

角叉菜胶可以作为食物增稠剂、稳定剂使用，目前被临时批准用于配方奶粉。但角叉菜胶可导致动物的肠道炎症，引起过敏反应，所以"建议"中不建议添加角叉菜胶。

（8）钙磷比

钙磷比是决定钙吸收的重要指标，一般要求不低于 1:1，不高于 2:1。一般配方奶粉的说明书上并不标出钙磷比，只要根据相同单位将钙磷添加含量（以质量计）计算一下即可。

第二篇
发育和发展

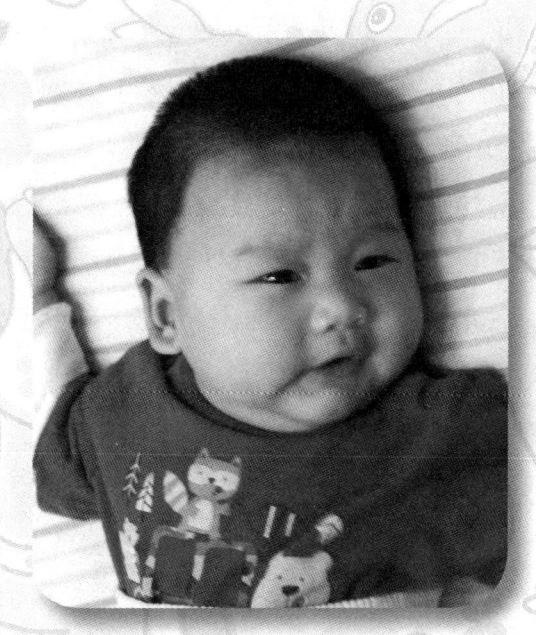

宝宝1岁了,学会蹒跚地走路了,会轻轻地拥抱我们了,还——会亲我们了!去年她出生的时候,还真的没有想到,这1年中她能够学会这么多的东西……

睡吧，我的好宝贝

 我家情况

一位有孩子的朋友说，不怕孩子屎尿，不怕他发烧，就怕不睡觉！这事，可能大家都有同感吧。

在我家宝宝还没出生的时候，我们"做功课"看到育儿书上说得最多的就是宝宝爱睡觉，每天要睡17—18个小时，这都是正常的不必担心云云。于是这些描述给我们最深的印象就是，宝宝爱睡觉，宝宝睡多些也没事。

宝宝刚出生的时候，特别是在医院里，真是爱睡觉啊。歪歪头、闭闭眼就睡了，而且老半天都不醒，害得宝宝爸一会儿就要去试试宝宝鼻息。这时的宝宝不但不爱醒，还不哭，怎么都不哭，就算你不关注她，她也是略显茫然地看着你忙这忙那，然后大大地打一个哈欠了事。

可是后来就不一样了。

出了满月宝宝就不大爱睡觉了，满了2个月更是在夜里也不大爱睡了。满月里一夜吃3、4次奶，吃饱了也就睡着了。过2、3个小时自然会再醒，再吃，再睡。2个月以后就不行了，不抱着哄半天不睡，睡着了还不能放在床上，如果放下过程中稍微惊动了她，马上就开始哭：讨厌，谁让你惊了我的好梦啊……

于是这时才发现，原来宝宝的睡眠竟然是如此大的问题，根本不像很多育儿书上轻描淡写地说的那样，放放音乐，轻轻拍拍，或者只要爸爸在宝宝感觉安全就睡着了！

当时我们着急宝宝睡眠，也想和别人取经，才发现大家几乎都面对这个问题。儿科医生也告诉我们，这个没办法，等宝宝神经发育好了就行了——我当年也是这么过来的，总不能给宝宝吃镇静剂吧？

想想也是。到网络论坛上看，发现都是爸爸妈妈的抱怨声。有一家说得最严重，要爸爸抱着宝宝来来回回在客厅和卧室间跑N趟，让宝宝笑得不行的时候，再放下，妈妈赶紧连拍带哄，老半天宝宝才能入眠——简直就是一场战役啊。他们还没说他们

的宝宝一晚上醒几次，如果多醒几次，大人就不用睡了。

回过头来再看书发现，如果是西方理念的，大多提倡给宝宝一个睡眠程式，比如放音乐、放暗灯光、屋顶投影、讲故事，而且他们是要给宝宝分床的。我们试了几次，除了一次宝宝太累了确实听音乐睡着了之外，没啥实际效果和改善。

还有人提倡"睡眠控制"，让宝宝哭一会儿再哄——我们也试了试，根本不行，宝宝几乎就没有停止哭的意思，再这样下去四邻都不得安生了。

于是，只好放弃一切规划和理论，"随机应变"吧。我们就是最笨的办法，抱着宝宝哄，看他喜欢什么样的姿势和晃动，喜欢啥就给啥，哄得时间再长也不放弃。

1个多月过来，哄宝宝的时间从1个小时降到了10多分钟，基本也不见哭声了。而且，从满3个月开始，宝宝的夜觉越来越长，从一夜醒2次到醒1次，3个半月起，就可以整宿安眠了！

这一睡，一直到1岁，都是整宿安眠。不管睡之前多不好哄，反正宝宝可以整夜安眠，我们还是非常欣慰的。而且，这样宝宝就可以不用吃夜奶了。

这时我们才发现，如果有一个四个方向都能摇动的摇篮，那哄宝宝时可以不用那么累了！

我们这一年的哄睡经历，还是让不少宝宝家庭羡慕的：很多人听到我们的情况都瞪起眼睛，啊，你们3个月就能睡整夜了，多幸福啊？幸福我们倒不怎么觉得，但觉得宝宝实在是心疼我们呢！

我们这些经历可能算不得经验，每个宝宝都有自己的想法和需要，所以他们的睡眠，应该都有自己的特点和规律，别人家的经验可能没啥参考价值。但我们还是有点感悟：

（1）该哄就哄吧。有人说哄得过分了孩子娇气，而且感情发育会有些问题。但如果宝宝天天晚上折腾，大人累孩子也累，还会影响宝宝生长激素的分泌，这样算个总账的话，得失之间你该如何权衡呢？

（2）摇篮是个好东西。

（3）宝宝还是可以用摇晃、怀抱走路等方式镇静下来的，除非极端情况，坚决拒绝镇静剂。

（4）分床。我家宝宝自出院起，就自己睡小床，直到现在。中间有些时候因为暖气不足等原因，宝宝也在我们床上睡过一些时候。宝宝对分床并没表现出什么，而我们也能得到更好的休息。

其实，我们也不是一帆风顺。当宝宝12个月开始蹒跚走路时，夜里反倒睡不好了。

还有个"超期"的情况，14个月时不单夜里连醒2、3次，连夜惊都有了。因为这是超过1岁的内容，专文另述吧。

 **文献精要**

什么样的孩子是睡眠好，什么样的孩子是睡眠不好？或者说，什么样的孩子是正常睡眠，什么样的孩子是异常的？

这个恐怕在医学上不好完全定义。但可以肯定的是，不是所有的哭闹都属于异常，因为所有的宝宝都可能会哭闹。睡眠障碍也不一定都是病理性的，不一定都需要治疗——特别是对小于1岁的小宝宝们。

其实，不管障碍不障碍，大家最想知道的问题是，为什么小宝宝睡一会儿就醒，而我们成人能够一整夜安眠呢？

如果大家注意观察别人的话，我们在夜里也会醒来，只不过是醒一小会儿，或者睁睁眼睛又一歪头睡了。所以，简单地看，人的睡眠就是浅睡眠——深睡眠——觉醒——浅睡眠这样的循环。成人这样一个循环的时间可能大于1.5小时，而宝宝的这样一个循环总共也没有1个小时。我们循环末短暂的觉醒状态之后，可能就接着睡了，但宝宝一般不这样，他们宁可选择醒来——是心理学和睡眠生理学的观察得出了这个结论。

那么，有什么办法让宝宝在这个觉醒时选择安静地躺着，或者动动手，动动脚，然后闭上眼睛，慢慢地继续进入浅睡眠？

有教科书的说法是，让宝宝自己学习再次睡去，不要理他的哭闹。我们觉得这个恐怕不行，如果宝宝一直哭下去呢？如果宝宝真的饿了呢？如果宝宝仅仅是习惯了每次醒来都有妈妈温暖的胸膛的安慰，而害怕那个黑洞洞的夜晚，我们有什么理由不去安慰他一下呢？

但总是安慰可能也不好，大家会发现，越是安慰，可能宝宝就越是容易醒来。

Christopher Green博士在他的育儿畅销书《Toddler taming》（《蹒跚长成》）中，描述了一种他经过实践认为行之有效的"哭闹控制"安眠技术：

控制哭闹的技术是指让孩子哭一小会儿，然后给他们一些安慰，但不是足够的安慰，每次都让他哭得时间再长一点，给予不充分的安慰，慢慢的加长两次安慰间的时间，直到最后他们心里想："我知道他是爱我的，我知道他会来看我，但这不值得我付出这么大的努力。"

听起来有些晦涩，我们根据他的上下文描述试着解释一下。这个控制法首先基于几个假设：

（1）孩子半夜醒来是需要安慰和爱抚，从而因为获得了安慰和爱抚而导致醒来成为习惯。

（2）不给安慰孩子则哭闹。

（3）安慰后虽然能入睡，但大人已经非常疲惫。

如果是在这样的条件下，进行这个"哭闹控制"，应该是会有效果的。其实这种逐渐延长"不理喻"孩子时间的方法，不仅仅是在睡眠时好用。如果孩子的哭闹是没有理由或者说超出了家长的承受力，就应该得到纠正。纠正的方法，一般心理学上讲"脱敏"，就是用逐渐延长的不理喻来促使孩子自己从心理上矫正自己的行为。

如果从这个意义上看，Christopher Green 博士的哭闹控制法，实际就是一种心理脱敏疗法。

Christopher Green 博士报告，这个疗法效果明显。他们对 140 名幼儿进行了 1 年的研究，参加研究的 2 岁以上的宝宝 100% 在 3 天内就有了改善的反应，1—2 岁的宝宝 93% 在一个星期内被治愈。6—8 个月的宝宝 80% 有改进。

很多医生也在通过科学体系研究影响婴儿睡眠的因素。

抚触是很多文献提到的一个方法，可以提高婴儿的睡眠质量和减少睡眠障碍的发生。

桂全林医生实验，在婴儿哺乳后半小时播放新生儿胎教音乐，每天 3 次。结果听音乐的婴儿的睡眠觉醒次数减少，睡眠时间长，证明音乐的促睡效果是真实的。

黄小娜医生 2008 年报告，调查显示母乳喂养的宝宝夜眠时间最长，人工喂养的宝宝夜眠时间最短，且需要拍抱促睡。母乳喂养的宝宝也存在睡前含奶头、觉醒次数较多等问题。

需要指出的是，有多个文献证实，有睡眠障碍的婴儿和无睡眠障碍的婴儿比较，其身长发育要慢。所以，不管宝宝有什么样的睡眠问题，都应该及时解决，要不真的会影响他的发育，这就大大划不来了啊。

动作发展:"跟不上"和"不及格"

我们曾听到一位家有宝宝的邻居经常向大一些的宝宝家打听,什么时候人家的宝宝会了什么。如果人家说的,她家的宝宝到相应的月龄还不会,她就会唏嘘一番,说我家宝宝怎么还没学会呢,怎么这么笨呢,云云。我们也有一位同事,经常向大家夸赞她家宝宝学习能力强,比别人家的宝宝翻身早了多少天,坐着早了多少天,等等。

我们觉得这两位妈妈的心态都不大可取。

我们对宝宝的疾病还算是有些研究,但对于宝宝的生理发展,特别是心理和生理结合的成长,就没有丝毫的知识优势了。在这些方面要佩服儿科医生,他们不仅要研究疾病,更重要的要研究人从离开母体到长成的整个心理、生理的学习和适应过程,这简直就是一门复杂的综合学科啊!

所以,我家宝宝刚来的时候,我们的想法是,接受那些大众科普书的指导,按照前人的经验选择合适的诱导,让宝宝的动作发展得好一点儿。我们特意看了一些书,找到了对每个月的动作发展描述都很详细的几本,甚至有一本还有评价量表,宝宝某个动作出现了多少评分,最后可以看看宝宝本月的评分是否及格。

可是实际用起来,我们发现,我家宝宝的实际发展,和这书上的要求,真是离得有点儿远!

比如书上说,2个月开始给宝宝练习翻身,到2个月末宝宝已经自己翻身,翻身后能够抬头,然后还能……可我家宝宝第3个月中旬才能够通过腿的带动向侧面翻动,但还是只能翻过40度,离90度的翻身还差得远。

比如书上说,第2周的时候可以把宝宝直着抱起来练习蹬踏,并说这时候练习可以保留这种反射,否则一周以后便会消失,对将来学习走路不利。我们试了一下,宝宝腿是软的,没什么反应,而且看起来很不舒服,放弃。

再比如……

反正如果按照这些书的说法，我家宝宝的各项动作能力发展都有点儿慢，而且如果评分的话，我们觉得哪个月都不会及格。可是这些书里都说了，哪些宝宝做到了，还有名有姓，不由得人不信啊！

到宝宝4个月的时候，我们开始反思这种程式化地要求宝宝的生理和心理发展的模式——这些要求宝宝真的能做到吗，如果能做到，为什么宝宝不做？拿翻身来讲，宝宝做到的时间比书上晚了1个多月，这是不是说明宝宝智力差或者发育有问题？

还有那个首月的蹬踏反射，据说可以提前宝宝的学步过程——我们也没做啊，但宝宝学习扶站的时间比书上都早得多，最终会走路的时间是1周岁加7天，也不比别人晚，训练这个蹬踏反射有意义吗？（当然，4个月时我们还不能预见这些）

于是我们开始反思，究竟宝宝的动作学习有着怎样的生理和心理过程？是不是宝宝的动作都要通过大人的传授，宝宝的生理发育是否已经做好了学习这个的准备？

翻看一些文献发现，其实这个问题学界是存在着巨大分歧的。按照我们自己的理解，其实学术上对这个有两个出发点，一个认为宝宝是习得，那么肯定需要诱导、教育和示范，另一派认为动作发展主要来自自然养成。

我们宁可相信，宝宝的动作发育，大部分应该来自自然养成——从这个基点出发，我们放弃了对宝宝各种动作的主动性的发展引导，只在我们认为宝宝需要一点复习性的引导，和"就差一点点而不开窍"的时候，帮她一下，其他的时候，还是任其发展吧。

现在回过头去看，如果大家都经历了宝宝8个月至16个月左右的动作发展的"飞跃"过程，你就能明白，其实很多事情都是规定好了的！只要到了那个时间点，宝宝的神经和组织都发育到了，那个动作就可以出现！

当然，自然养成不是我们撒手不管，还是做了一点外在诱导的。比如我们觉得宝宝在3个月时手眼协调还是不好，就自创了一个方法（当时想了很多别的方法，就这个有效），给宝宝买一只氢气球，绑在她的手上，手一动气球就动，宝宝自然就习得这种联系。宝宝很喜欢这个游戏，气球一动宝宝就笑，

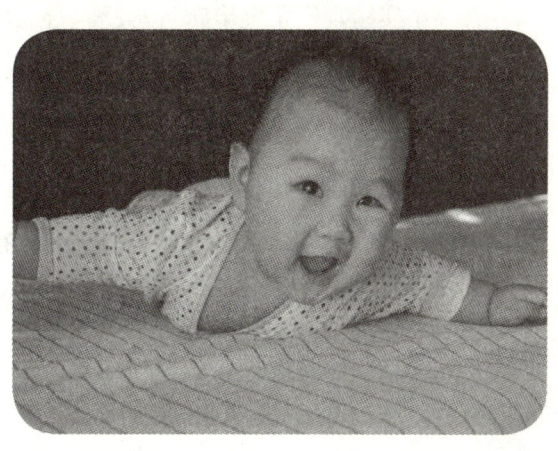

宝宝为了看到气球动就拼命晃动手臂——看起来效果很好。可惜由于氢气球的安全原因，我们还是把这个游戏终止了。

我们还做过其他一些诱导和示范，但现在回头看看，很难说哪个诱导和示范起了作用，哪个没起作用。

所以，我们觉得，关于宝宝的动作发展，大家还是放松一些心情吧，只要做好营养和发育评价，没有什么营养性的或者器质性的疾病，对于宝宝的动作习得，乐观其成就好了。不然，等到宝宝不断展示你没见过的新动作、新能力的时候，你就该郁闷了，这些我都没教啊，宝宝是从哪儿学来的？

相关理论成果主要认为，婴儿早期的动作发展伴随着心理的建构，或者说是认知能力的发展。有理论认为，感知（认知）和动作发展是一个环路，知觉是运动的必要前提，运动又为知觉提供了信息源，所以宝宝的感知和动作发展是一个相互促进的整合发展。

宝宝的手部动作为探索外界提供重要的途径。宝宝用双手探索外在世界，不断建构自身和外在世界的联系——比如宝宝可能会不断用手触碰某个表面，以决定自己能够在上面行走。

直立行走是婴儿动作发展的一个转折点，普遍认为这是从婴儿到幼儿的划界点。而爬行则是直立行走的最好准备。

有实验发现，随着宝宝爬行经验的丰富，他们的判断日益准确，探索活动也更加有效，并且从中得到了学习。

有一个实验观察了宝宝爬行对迂回行为的影响——所谓迂回，即不能直接达到目的时，换用绕过障碍的方法，迂回得到目的的行为——实验发现，8—11个月的婴儿中，会爬的宝宝在迂回任务中的表现比不会爬的宝宝出色。

另有研究观察了爬行对宝宝客体永久性的影响——客体永久性，指宝宝对物体的认识不依赖直接感知，而是形成了关于客体存在的稳定内部认识，这是婴儿心理感知的最重要成就——实验的观察对象为不会爬的宝宝、手膝爬行的宝宝和不会爬但使用学步车的宝宝。结果发现，关于客体永久性，手膝爬行的宝宝大于不会爬且使用学步车的宝宝，最后是不会爬的宝宝。

关于这些现象的解释，主要认为爬行增加了婴儿自由运动的经验和能力，获得了大量关于自身之外的世界的经验信息，促进了感知觉发展，进而整合为宝宝的认知水平发展。

心理学者在文献中指出，"1个月到4半个月内，婴儿在先天性非条件反射基础上，通过机体整合作用，将个别动作连接起来形成新的动作，但此时尚缺乏目的性。5个月到9个月时，婴儿有目的的动作逐步形成。这是智慧动作的萌芽。手眼协调也在这一时期实现。9个月到11、12个月时，动作目的与方法之间开始协调。到1岁半左右，婴儿能够按照一定的目的，进行有意识的尝试错误，改进手段的动作以解决新的问题。"

就像皮亚杰论述的："智力实际上在语言之前就出现了，这种智力是以玩弄客体为基础的一种完全实践性的智力。目的与手段的协调就是这种智力的最初体现。"

动作发展这一年

宝宝1岁了,学会蹒跚地走路了,会轻轻地拥抱我们了,还——会亲我们了!去年她出生的时候,还真的没有想到,这1年中她能够学会这么多的东西,更没有想到,现在宝宝就能围着我们跑了!

回顾这1年,还能有什么比宝宝的各项动作发展循序渐进且准确流畅更让人兴奋,更欣慰的呢?虽然这是每一位为人父母者都有的兴奋和欣慰,但真实的发生在自己身边,还是让我们忍不住地想笑——这是多么好啊!

我们通过宝宝的成长记录本和相机、摄像机,以及我们的记忆,留下了宝宝从出生到1岁时候的动作发展记录。这仅仅是一个个案记录,没有什么典型意义,和别的宝宝比起来或者和经典教科书比较,有的发展早一些,有的发展晚了一些,还有的和经典理论不大相同。

关于爬行

宝宝爬行这事吧,我们早在宝宝出生之前,对有关的知识早已"如雷贯耳"了。很多朋友对我们说,一定要让她学爬啊,有关的育儿书也介绍了很多方法。我们当时也听进去了,但没有大以为然——你说如果宝宝就是不爬,你不能强行摁着她去学吧?

可是,现在如果让我们回头去看,我们会说,爬行确实很重要。

我们认识一个宝宝,据他的妈妈说,7个月开始就在学习爬行,但老人觉得这样很累,不让宝宝学,宝宝一爬就给抱起来。后来宝宝就没有学爬行。现在这个宝宝已经19个月了,刚刚学会走路3个多月,而且走得非常蹒跚,也没有学习爬楼梯。我们不能说就是因为没有学爬,这个宝宝学走路就晚,但确实可能会有一定的关系呢。

我们遇到的另一个宝宝,已经9个半月,也是没有学会爬行。她的妈妈说,正在锻炼她爬行,但她就是使不上劲儿,如果伸手去帮助她扶着腰让她爬,她身体协调不好会一下子脸栽在床上。妈妈说早先没有刻意对她的爬行有过注意,现在学习起来还真是有些困难,但她很有决心:"一定要让宝宝学会(爬行),不然会和别的宝宝区别很大的。"

从他们身上反观,我们觉得我家宝宝这1年中,爬行是学得最好的。本来我们觉得,宝宝的动作发展应该靠她自己,有学习的需求了,才有学习的基础和动力。但爬行这事,我们的确听取了别人的意见,提前做了一下"热身"。

民间都说"三翻、六坐、七滚、八爬",看起来爬行是8个月以后的事,但我们还是听取了运动生理学的一些建议,在宝宝2个月多一点儿的时候,将她的体位换成俯卧,锻炼肌肉群的协调性,为爬行做准备。

开始宝宝趴在那里脸都死死压着床,一点儿也抬不起头来。但她很努力,总是希望将头抬起来——我们在一旁真想帮她,但想想这是为了锻炼她自己的肌群能力,也是怕出现外力损伤,所以没敢干预。

那一段时间宝宝还是习惯我们斜躺着抱她,没有竖抱。加上每天换尿布次数比较频繁,她还要睡3—4次觉,所以这个训练实际上时断时续,有时候连着练两次,有时候一周都没有练过。

就这么打鱼晒网地过了2个月,我们突然觉得宝宝再趴下的时候开始有力量了,头可以抬高一些了,还可以靠一侧手臂支撑着勉强把半边身子抬起来。虽然抬起来的时间不长,而且动作配合显得非常笨拙,但这是个好现象!

慢慢地,宝宝的俯卧能力继续发展。又过了半个月,也就是将近满5个月的时候,宝宝基本上可以做到像大人一样,两手支撑在胸前,肩膀抬高,头抬起看着眼前的妈妈笑了!而且我们注意到,宝宝趴着的时候,腿不再是紧紧贴在床上,而是可以自由抬起、落下了。

接着，宝宝自己不再满足于趴着，而是逐渐努力抓着床单，希望能向前爬，同时脚也在拍击床面，似乎要帮忙使劲儿。可惜，也许是宝宝肌力发育不够，也许是还不会协调，这么使劲儿的结果是越向前使劲儿，身子越往后退——宝宝爸开玩笑说，女儿啊，使劲儿使反了，你以后千万别先学会倒着走路啊……

倒爬之后，宝宝很快就有了向前爬的能力，只是还十分费力，床单都被她拽得七扭八歪——这是宝宝6个半月时候的事情。在这之前，我们有时候还诱导宝宝，来，趴一会儿，主动地开始她的爬行训练。现在开始，我们不再对她的动作做任何干预，只是防止她做出危险动作就可以了。

可是，这样过了1个月，宝宝的爬行虽然不再那么费力，但还是爬不了多远。我们观察发现，宝宝的肚子紧紧地趴在床上，这让她爬行非常费力。于是，我们想了个办法，由宝宝爸面向宝宝趴下，然后双手撑起身子，做青蛙准备起跳的样子——每每这时，宝宝就笑得不行，也许她喜欢爸爸耍宝的样子。而宝宝爸不停地重复这个趴下——准备跃起，再趴下，再跃起的动作，宝宝自然而然地就开始学习了。过了不久，大概有半个月吧，宝宝开始出现手和膝部着地爬行——也就是宝宝满8个月的时候，我们终于等来了著名的手膝爬行！

这以后宝宝的动作发展之迅速远远超出了我们的想象——如果我们把她放在床边上，她一着床就立即手足并用爬向另一侧床沿，1.8米宽的床也就是一眨眼的工夫就爬到了，为防止她从床另一边掉下，害得我们只能迅速趴到床上去揪宝宝的腿！

我们无法说清宝宝的爬行对后面的动作发展起了什么作用，但宝宝17个月的时候，已经自己锻炼爬上高1.5米的滑梯直梯，过不久就可以在没有外力帮助下自己完成这个动作了（当然，我们在旁边保护）。

我们想，即便爬行对其他动作没有什么影响，那么至少宝宝早学会了一门动作技能，这也是非常重要的——虽然我们因此早早地就要担心宝宝自己会掉下床了。

关于，她的走路

我家宝宝还不会坐着的时候，宝宝爸看到别人家的宝宝可以坐在小车里，被爸妈四处推着玩儿的时候，总是禁不住羡慕地说："咱闺女啥时候能坐着啊。"当我家宝宝坐得很好的时候，宝宝爸看到别的小朋友自己走路，又禁不住羡慕地说："咱家闺女啥时候能走啊？"

宝宝妈忍不住说："你这是这山望着那山高，以后自然就会了。"宝宝爸丝毫不在意地说："我就是羡慕一下而已，不行吗？"

玩笑归玩笑，我们还是忍住了心底对别人家孩子的各种能力的羡慕，特别是对和我家同龄的宝宝却比我家宝宝领先的一些能力的羡慕，让宝宝自己发展，只是在我们认为需要的时候稍加诱导。

我家宝宝的走路就是这样。

宝宝将近8个月的时候吧，她自己坐得已经很好了，可以从坐着翻身变成爬行，再坐下，再爬，整个动作非常连贯，但还没有站起来过。有一次，我们把宝宝放在自己的小床里，让她坐好，然后安慰她一下，就出去忙一件事情了。忙到一半我们感觉奇怪，平时宝宝1分钟看不见我们就开始叫了，可是这次这么长时间还这么安静啊？

越想越不放心，赶紧进屋去看，发现——宝宝竟然扶着小床的栏杆站着呢！虽然有些颤颤巍巍，但肯定是她自己站起来的，而且她还想迈动小腿往旁边走！当我们惊喜地把她抱起、夸奖她的时候，她却淡然地看我们一眼，似乎在努力地回到小床里去，好像在说——你们干什么啊，我正在学走路了，别打扰我啊！

这是宝宝学习走路的开始。宝宝的小床挨着我们的大床放着，于是我们从此开始把小床和大床紧挨着捆好，这样宝宝在大床上玩耍的时候，就可以自己扶着小床的栏杆站起来，或者连续地坐下站起，再坐下再站起；或者扶着小床的栏杆，横着左右移动双脚——我们从书上读到，可以在两边有扶持物的小径上让宝宝练习走路，我家没有这样的条件，那只好在小床这个单边的扶持物上练习了——不过我们还是很担心，宝宝这样扶着都是横着走的，她将来不会和螃蟹一样走路吧！

现在说起来像是玩笑，但当时这种担心却是实实在在的。好在过了不久，宝宝又"发明"了一个动作，单手扶着小床的上沿儿，然后蹲下身子捡起脚下的杂物。开始我们还不明白这个动作的意义，觉得宝宝怎么这么舍不得，捡东西就坐下捡呗，捡到以后坐下踏踏实实地玩儿多好。后来才发现，这个动作出现了不久，宝宝就可以单手扶着小床沿儿，然后直着向前走了——原来她是在练习单手扶持！

再后来，宝宝大约9个半月的时候，就开始让我们扶着她练习走路了。我们也不知道这时练习走路是否太早，记得有人说宝宝走路太早了不好，但她非要扶着你练习，没办法，按照宝宝的要求来呗。

我们开始给她穿上布鞋，在各种路面上双手扶着她的腋窝，让她自己学习走路——很多人都告诉我们可以给宝宝绑上学步带，这样单手拉着绳子就行了。但我们还是觉得，猫着腰扶着宝宝虽然辛苦一点儿，但比那个学步带安全，而且很容易感觉到宝宝动作的着力点，引导她自己保持平衡。

这样走了大约有半个多月吧，忽然有一天我们发现，宝宝的布鞋头好像破了！仔细看看，没错，由于宝宝有时候爱扣着脚尖走路（我们觉得可能是跟腱还不够长），鞋尖部分都已经磨开了几个大洞！好家伙，宝宝你真够厉害啊，还没学会走路，鞋已经磨破一双了！

我们去买鞋的地方退鞋，售货员说，可能是你家宝宝太好动了，把鞋踢坏了，这不是质量问题，不能退。我们说，小孩怎么能踢坏鞋？售货员说，刚走路的孩子脚劲儿大，容易坏鞋。我们听了气不打一处来，把宝宝直接抱进店里，你看宝宝才多大？这下售货员傻眼了，不再说啥，直接开票退鞋……

虽然这事我们并没有到处夸耀，但宝宝刚刚在我们的扶持下学走路，就用十几天的时间踢坏了一双布鞋，据说还是名牌鞋，她还真是"不简单"啊，呵呵。

我们以为，宝宝很快就能自己站立了，而且离自己走路也不远了。但是，宝宝的站立和行走能力似乎就停滞在了这里，11个月，11个半月，12个月……宝宝既没学会自己站，也没学会自己走。

我们也有些着急，但想想，一切还是顺其自然吧。

直到宝宝满1周岁的时候，还是不会站不会走。直到1周岁零5天，宝宝才第一次自己主动站了半分钟左右。又过了两天，她就在我们的诱导下，独自向我们走了10几步。好！宝宝的学步训练虽然起步早，但经过了4个月漫长的历程，终于完成了——而且是站立和行走几乎同步完成！

还有更让我们意外的是，宝宝能自己走了没几天——顶多不过一周，她再走路时就出现了小跑的状态。我们仔细观察，确实出现了双脚同时离地，为了保持空中的平衡，她的双脚向内扣得很厉害，特别是在空中的时候——可能这是宝宝学跑时的独特步态吧。

后来，我们特意向别的宝宝家打听了一下，我家宝宝开始走路的时间，不算早的，也不算晚的——我们倒是因此非常欣赏这个小家伙，不冒尖，也不拖尾，这才是中庸之道么！

在宝宝整个学步过程中，我们从来没有——也没有想过要使用学步车。我们看过不少文献，讲学步车影响宝宝学步的问题，还有学步车伤害的问题。但中国有文献报告，近一半的家长都给宝宝使用了学步车。这样看起来学步车似乎问题也不大。我们当时这样想，如果宝宝真的不爱走路，就试试那种推行式的学步车也无妨。

可惜，宝宝都没给我们这个机会。而且，现在回忆起扶着宝宝走路的那几个月，低头猫腰的，有时候一走就是半个小时，腰还真是疼啊！

关于，表达

关于宝宝的动作发展、认知和表达之间的关系，我们是外行。原本只是粗疏地知道，动作的发展可以带动认知的发展，而肢体表达是婴儿期很重要的表达方式，仅此而已。

这1年忙忙碌碌下来，也没能认真地观察和思考这个问题。比如宝宝开始只是无目的的手脚活动，到后来2个月左右开始触摸物体，到4个月大时有意识地拍打物体，再到9个月时伸出食指指向某个物体，这之间经历了怎样的认知和动作的协调发展？指物、挥手等动作的学习，又是建立在怎样的表达意愿之上？

我们记得，在宝宝1个月大时，她还对周围的事物表现得漠不关心，即便是她自己床头旋转的电子床铃，大部分时间也不能引起她的注意。有时候她会盯着转动的床铃看，但不会有伸手够取的动作，哭闹的时候开动床铃的声音也不能引起她的兴趣，哭闹不会停止。

3个月大的时候，她开始要求坐直身子，让大人竖着抱。这时我们让她盯着镜子看，她对镜子里的自己似乎有一点儿兴趣，但也没有够取或抚摸的动作。我们让她看镜子上挂着的一个色彩斑斓的小雪人，逗她去够，结果大多时候她不会伸手，极少见她能伸手摸一下。

后来我们试着让她盯着家里的几幅老虎年画看，这次她倒是很愿意，并且在很长时间里，只要看到这几只小老虎就不再哭闹。13个月大的时候，我们准备教她说话，结果很多词都没有记住，但教的小老虎的叫声，她记住了。你指着小老虎年画，对她说，小老虎叫，噢——接着问她，宝宝，小老虎怎么叫啊？她就会张开小嘴，夸张地"哦"上一声，并在一段时间内成为她除了"爸爸""妈妈"两个词之外，唯一和我们的言语互动。

7个月大时，她开始爱撕纸，我们觉得这个可以锻炼她的指向性动作能力，基本就放任她撕。结果这一撕就是4、5个月。不知道是不是这个动作练习的作用，她抓物越来越准确，精细动作如穿绳玩具、拧瓶盖等，都在11个月大时基本学会。

我们觉得，从 7 个月撕纸开始，宝宝的动作学习一改过去学习和尝试的路子，开始向破坏上发展。比如她摸到的东西，都是看几眼，就想办法扔出去。各种玩具要扔，床上的纸巾、湿巾、尿布、衣服，她也都能悉数扔到地下。抱着她路过书架时，也能给抻下本书扔在地上——开始我们不理解，宝宝这是怎么了，不喜欢这个家了吗，她真的想把家拆掉吗？

后来我们仔细观察了宝宝扔物时的动作，发现其实她有一个观察到目标，上前取物（这个要靠我们帮助），然后拿到眼前观察，手腕下沉——迅速扔出的过程。我们相信，她这时的扔并不说明她不喜欢这件东西，更不是情绪的表现。这肯定是一种动作的练习，因为我们注意到，她的手臂还不能持物向上抬起，而抛或扔出物体时，她的手腕是向上的，抛出物体的力量是比较大的。

那就扔吧。几个月中宝宝的战绩，大概是碗若干，盘子若干，杯子和奶瓶若干，部分撕坏的书和画册若干，电视遥控器一个，以及好撕的木浆卫生纸若干乘以 n。

我们没有见到有文献提到这个破坏性的阶段，当然也就不知道发展心理学对这个阶段的解读。但我们觉得，宝宝对事物的认知能力，和解构（说拆散也行啊）身边事物的能力，都在这个破坏性动作高发的周期里（7—11 个月）有了跨越式的发展。当宝宝不再对撕纸感兴趣，我们看到的是，她已经会用遥控器尝试控制电视（11 个月），会明确地遵照指令开关灯（12 个月），会搭起 4 层以上的积木（13 个月），会从铁板上揪开磁扣（10 个月），会取卫生纸擦有污物的地板（13 个月），会在大人询问时准确地将你领到某个东西的"藏身处"（14 个月）……

……

这些动作发展的速度和质量，已经远远超出我们的想像。其实宝宝会做的动作还有很多很多。我们觉得，很多动作的学习都是和撕纸、扔物这类具有"破坏性"的动作习得有关——比如宝宝常把白色的磁扣扔得满地，同时也活动了手部韧带和关节。

我们主动教给她的一些动作，比如用手指代表 10 个数字，我们从她 2 个月开始，至少在她眼前演示了上千次，但她只在 4 个月左右的时候学会了伸起一根食指。后来她伸食指的时候，已经改为向前略向上了，身子也随着迅速前倾，嘴里还念念有词——这个动作，大部分是向着好玩的玩具，或能引起她注意的装饰品去了。除了伸出一个食指外，用手指表示数字的动作，她一个也没学会。

这至少告诉我们，即便是动作发展的诱导，也应该考虑宝宝的想法，否则我们的一厢情愿对宝宝没有丝毫的作用。

关于饮食与饮水

除了大小便动作之外（专节叙述），剩下的最重要动作就是进食动作了。

宝宝刚出生的时候，一下子就适应了奶瓶——虽然那还是个质量非常差，而且我们怀疑奶嘴是劣质品的一次性奶瓶。那个奶嘴太硬了，宝宝用了几天，嘴唇上就磨出泡了。虽然这个泡很快就好了，我们还是对妇产医院采购这种劣质的东西耿耿于怀——还不如不让宝宝用这个破奶瓶，这样我们就能给她用自己备好的德国奶瓶了，至少那个奶嘴柔软得多。

后来，宝宝一直就在用奶瓶喝人工乳（妈妈不在家的时候），喝水，喝药。

我们听说，宝宝用勺子吃饭（被人喂）及用杯子喝水都需要费一番工夫，所以我们当时还准备进行一些诱导训练。后来，有一种促进消化的药宝宝就是不喝，宝宝妈说用小勺试试吧，结果勺子舀起了药水放到她嘴边，她张开嘴——勺子进入——倾斜——拿出——她动动嘴——药水喝了，没费任何工夫。

大概是宝宝6个月的时候，我们觉得宝宝非常不喜欢用奶瓶喝水了，每天的饮水量很少。宝宝妈又突发奇想，直接拧开奶瓶，用奶瓶的螺旋口给宝宝喂了几口水！没想到，宝宝悉数喝了。我们真觉得，这孩子在吃东西方面的能力不能不让人刮目相看，呵呵。

可是，我们总觉得这样喝水不安全，容易呛着。于是，宝宝爸按图索骥，在孕婴用品商店买回来一个婴儿学饮杯。按照说明，这个吸管式样的学饮杯要1岁以上的宝宝才用的。

宝宝爸开始教宝宝学用这个学饮杯。一开始宝宝叼住了吸管，但就是不会吸。宝宝爸说，宝宝吸啊！宝宝还是不会，于是宝宝爸拿过杯子来做示范，也不知道是语言鼓励起了作用，还是示范起了作用，反正宝宝尝试了不到5分钟，就开始吸了——这样她就喝到水了，一个新动作再次学习成功！

　　因为宝宝这方面的学习成果简直让我们刮目相看，我们在听到别的爸妈抱怨自家的宝宝不会用杯子、不会用吸管时都不敢说话——虽然宝宝学习这个很快，但说来说去，这都是吃饭的本事，这类本事学得快，算不算是"吃货"啊？

　　一年之后，她很快学会了接过我们盛好食物的勺子，放进自己嘴里，但她很长时间就是学不会自己用勺子挖取食物——那时候她已经在尝试用我们的筷子了，但还很不得要领。后来还是17个月的时候她对玩沙子的兴趣，引起了她用勺子挖取泥沙状物的能力突飞猛进——后来她就会自己用勺子吃饭了。当然，这是后话，已经不在本文动作发展第1年的范围之内了。

"蜡烛爸爸"

我家情况

宝宝刚出生还在医院的时候，护士就用包布和抱毯把宝宝裹紧，只留着头在外面。在上臂的高度上，最后捆上一根细细的绳子。看起来宝宝对这个包裹没有什么反感，依然是左看看右看看，看不到什么就大大地打一个哈欠，或者继续睁着眼睛发愣，或者慢慢地闭上眼睛沉沉地睡着了。

唉！多乖的宝宝啊。

我们记得在哪本书上看过，似乎说宝宝出生后不要捆的为好。宝宝爸在领孩子的时候随口问过护士，护士说，我们这里都是这样捆，也防止宝宝乱动啊。护士也许看宝宝爸不放心，补充说，我的孩子就是这样捆过的，现在7岁上小学了，挺好的。

于是宝宝爸就没有再说什么。说实话，老人们早就告诉过我们，我们小时候他们就是这样裹襁褓的，我们现在也没有啥不好的。也有的人说，不能像医院这样裹，光把胳膊捆住不行，还要把宝宝的腿理直了，也捆住，这样宝宝的双腿将来才会直——这个我们怎么听怎么觉得没道理。宝宝的腿和脚出生后自然就是"W"状态，这才是本真和自然，以后关节长好了，长骨长硬了自然就直了，哪能现在就捆啊？

我们也知道所有的医院都是这样处理的，把宝宝裹紧，防止出现意外，也是为了保暖。很多文献里把这个裹法形象地叫"蜡烛包"。

宝宝爸倒是没怎么担心，还故意找开心，"什么，蜡烛包？这个名字有意思啊。宝宝的襁褓是俺这个爸爸裹的，她是蜡烛包，那俺是什么啊，蜡烛爸爸吗？"

但笑话归笑话，我们还是向一位资深的儿科主任医师咨询了这件事。

她听了我们的担心，问了一下医院打蜡烛包的方法，然后非常肯定地说，最近的研究是不支持这种打包方法的，很多人也讲这种捆绑会束缚宝宝的自由。但从医院的角度，首先打包便于管理，其次可以防止因混乱而弄错宝宝。而且护士们都受过专业培训，裹得不松不紧，是不会伤害宝宝的。

我们觉得她说得有道理，接着问：那我们出院以后还要不要接着打蜡烛包啊？

她想了想说，你们不喜欢不打就是了。如果打习惯了可以继续打一段时间。

宝宝爸继续追问，蜡烛包就没有好处吗？

主任医师仔细想了想说，这个事情应该这样看，蜡烛包可以增加襁褓的韧性，防止在抱起宝宝或喂奶时伤到宝宝，特别是她柔软的脖颈。另外就是保暖效果好一些。但也有报告说蜡烛包导致皮肤问题，还有裹得太紧了导致皮肤坏死的。我给你们个建议啊，现在是冬天，白天抱起宝宝活动较多的时候你可以打包。宝宝睡了，直接让她进睡袋就行了。另外，在宝宝比较活泼的时候，打开包让她多活动，这个也可以在换尿布之后。有时候你打上包宝宝就困了，这也是一种很好的促睡暗示。

我们问，那要打到多久啊？

她说，我看裹一个月就好了，后面宝宝就爱活动了，没必要再打包了。

于是，我们就参考了她的建议，抱宝宝频率高的时候打包，需要活动和睡觉时不打。这样过了大约1周，突然下起了大雪，我们要到另外一处住所去，很多条件都改变了，于是给宝宝打包的时间越来越少，不打包的时间越来越多，最后干脆就不打了。

整体算一算，加上在医院时打包5天，宝宝一共裹了大约20天的蜡烛包。

后来，宝宝的运动发展没有出现什么异常，7个月会坐，9个月会扶站扶走，12个月末基本学会走路（这时还没学会独自站立），19个月学会独自用勺子吃饭，和别的小朋友比起来也没有什么异常的地方。所以，我们觉得至少在我们身上蜡烛包对宝宝的运动能力发展没有什么影响——从宝宝现在的智力和情感发展看，20多天的捆绑也没有对宝宝的情感发育有什么影响。

但是，我们个人的经验对大家关于蜡烛包的选择不应该有什么实质的影响。事实上，如果有专门的抱巾，蜡烛包的安全作用完全可以被替代。而其他方面蜡烛包的缺陷都非常明显，如果可以不裹的话，还是不裹为好！

文献精要

专业文献提到的"蜡烛包"的害处,包括易引发皮肤感染、肺炎、影响髋关节、影响生长发育等。

徐秀医生对612个宝宝的观察发现,给宝宝打蜡烛包、经常穿袖子过长的衣服,会影响到宝宝18个月龄时用勺子自己吃饭的能力,其动手机会相对较少,也影响了宝宝手部灵巧度的发展。

刘锦桃医生等专门研究了婴儿蜡烛包和不捆扎婴儿的睡袋对他们的影响。结果,对照研究发现蜡烛包不会影响生长发育,蜡烛包婴儿和睡袋婴儿比较,在身高、体重和胸围的增长方面没有差异。但实验中发现,有的蜡烛包包得过紧,影响了宝宝四肢的运动和血液循环,甚至出现了阴囊和踝关节水肿。

但这个研究发现,蜡烛包会增加宝宝3个月龄之内患肺炎的风险——这个风险被许多研究文献所肯定。值得注意的是,这个风险在农村地区尤甚。蜡烛包捆绑的宝宝,自主运动和啼哭均减少,蜡烛包还有催眠和降低反应能力的作用,这些对宝宝的健康都是不利的。而且,蜡烛包抚育的宝宝,若患肺炎以后仍采取仰卧位的蜡烛包,会降低其氧分压——也就是血液中的氧降低,这可是非常麻烦的。

至于蜡烛包对髋关节的影响,若捆扎蜡烛包时同时捆扎了婴儿的双腿,使其由"<>"型变成成人型"||",那么肯定是有影响的。宝宝的髋关节还没有发育好,这种外力的机械影响可能会造成宝宝的髋关节脱位。而且这种脱位不易觉察,发现过晚将会造成严重后果。

由于这种影响不好用婴儿来观察,有实验采用了大鼠模型,研究这种"伸直位"的襁褓对腿的影响。结果"伸直位"襁褓会导致大鼠模型"髋臼变小变浅,内部软组织增生",大部分发生髋关节脱位。虽然这只是动物身上的结果,但也应该对人的襁褓使用,特别是下肢捆扎有警示作用了。

有实验采用新生儿行为评分对使用和不使用襁褓的宝宝进行了动作能力的观察,结果使用襁褓和不使用襁褓,除在出生后3天没有什么区别外,差别是明显的——也许这从一定程度上说明,捆着不让动和自由活动,完全是两种养育方式,对宝宝动作发展的影响也是完全不同的。

小宝宝要识字吗?

 **我家情况**

我家宝宝6个月大的时候,我们恰巧在北京的报纸上看到,一个半岁的宝宝可以认识1000余个汉字!

单看标题就把我们惊着了,当时我家宝宝还不能自己坐稳呢。仔细看看报道内容,原来他们家一直在用卡片强化宝宝对文字的视觉能力。识字,指的是宝宝能把字和字义对应的实物联系起来,这个小家伙看起来是够聪明的!

模糊记得,这好像是上学时听说过的"杜漫闪卡",于是打开文献搜索了一下,倒是没错。但除了一些著作之外,很少有研究文献再关注这个话题了。实话说,由于6个月的宝宝还没有真正意义上的抽象能力,我们觉得这个识字和儿童期真正把符号和具象意义联系起来的识字是有区别的。看看网络论坛上对这事的评论,有人褒扬,有人不置可否,也有的人认为他们是拔苗助长。

可是说实话,对于这个有点天才味道的宝宝,我们心里还是很羡慕的。于是在宝宝6个月的时候,我们面临一个非常严峻的选择,要不要给宝宝进行识字训练?还是给宝宝留一个无干扰的自由的童年?我们相信,大多数家长在宝宝的整个幼儿期都时刻面临这个两难选择。

关于宝宝识字,我们再次查阅了中文文献,发现多是上个世纪末期的论著,近年来的文献也较少。而且,文献提到的开始学习识字的时间,最早的也是满13个月。本着循前人的理论精神,我们当时把这个问题搁置了,准备到13个月的时候再说。

到宝宝1岁的时候,她还不认识任何字,我们也没有进行识字训练。不过宝宝非常爱玩一个玩具写字板,我们有时会把她的名字写在写字板上,给她念念读音,也没有要求记忆。当时是这样想的,宝宝认识自己名字总归是个好事吧,这个应该不在提前识字训练之列吧?

这时,宝宝的各种动作能力逐渐形成,我们对宝宝的认识,以及人类各种能力自然养成的认识都有了一个飞跃——原来不是各种能力都需要人为干扰的,原来宝宝是可以自己学会这么多东西的!

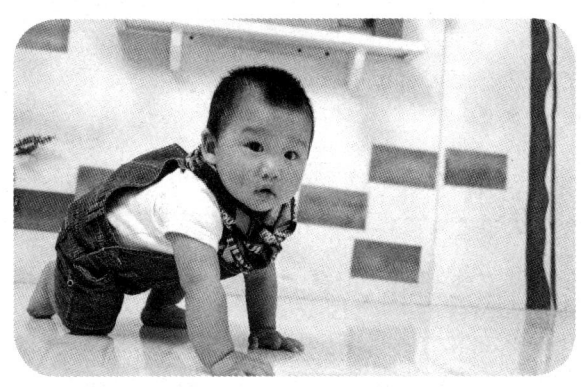

可是,我们也再次开始考虑是否进行识字训练的问题。我们知道,现在教育的大环境就是早教,谁家的宝宝能够早学习,早具备某些能力,就能在激烈的教育竞争中脱颖而出,就能占据好学校,将来可以找到好工作……到了这时我们才发现,过去没有宝宝时曾经鄙视过把孩子送去各种学习班的家长,认为是一种浮躁的利益冲动和尽早占据优质社会资源,进而获得更多的既得利益的飘渺希望在支撑着他们。可是事情轮到了自己的头上,真正能够不随大流,做到"淡定"也真是不容易啊。

就在我们准备筹备进行一些杜漫闪卡的训练的时候,我们偶然向宝宝奶奶问起了宝宝爸小时候识字的情况。奶奶说,教识字那不是学校的事吗?我们大惊,再次确认宝宝爸是否在7岁上学之前学习过写字认字,奶奶说,认字可能是认几个,也不是教的,写字是基本没有过——宝宝爸自己对这事也不记得了,但我们是彻底被惊了一回。宝宝爸现在不能说是人才,但也不是庸才啊,看起来,也许成才这件事,和早认字的确没啥关系啊。

偶尔,我们会给宝宝吟诵一些朗朗上口的古诗歌,像《木兰辞》什么的。宝宝开始会认真听一下,但一会儿就自顾自地玩儿上了。听得次数多了,有时候也忽闪着眼睛看你几下,笑一笑——我们宁可相信她是喜欢听,因为这些古风的诗歌,确实很好听!

我们慎重决定,在宝宝依法接受大众教育之前,我们不会以任何名义,对宝宝进行系统化的抽象文化的习得训练——也许这么说太拗口,其实就是不主动教识字,不强迫背诗、背算数口诀而已。

也许,这个决定实施起来很难——特别是身边很多孩子都认识了不少字,会了不少算数口诀，而且他们的家长还不断在你面前炫耀的时候……

立此存照，希望这个决定我们能真正坚持下去……

 文献精要

也许是我们的认识较为肤浅，在心理学文献检索和学习中，很少见到杜漫闪卡的有关介绍和研究。我们只知道这是一种利用卡片引起0—3岁的儿童注意，高速展示促进儿童认知和神经发育，不注重儿童识认而多注重学习能力培养的一种方法。还有的教材提及，这种方法其实是应用于早期脑损伤的婴幼儿的康复。倒是很多经营此类商品的网站介绍得比较详细，但广告意味明显。

检索文献，我们发现了上个世纪80年代在社科杂志上报道的2个婴幼儿早期识字的案例报告。其中一个案例是作者自己的女儿，从13个月开始主动教育识字，到2岁时识字1000个。另一个山西报道的案例，是一个被称为"神童"3岁即上小学一年级的孩子。她的识字开始于20个月，"用3个月时间就学会了1200多个汉字"。如果单从表面看，这两个案例报道的幼儿学习文字的过程是差不多的，学习后的效果也具有类似性。但值得注意的是，第一个案例的宝宝开始学习时使用的是识字卡片，虽然作者（即宝宝父亲）为专业心理学工作者，也没有尝试使用杜漫闪卡。

虽然两个案例的作者对这个学习过程都给予了相当的美誉，认为早期识字可以调动儿童学习型心理结构的发展，促进语音观察力等的发展，但纵观两篇文献，无对照样本、无科学和系统性的评价，并不能说明早期识字对宝宝究竟有哪些系统性的好处——除了宝宝自己上街可以阅读路牌了。

而且，这两个案例宝宝学习开始时间都在1岁以后！

值得注意的是，我们没有检索到最新的关于宝宝早期识字的案例报告——一位做教育科学编辑的朋友说，鉴于教育科学的发展，这类研究已经不被教科杂志接受了。

宝宝爸本科阶段曾经受过专门的语言文字训练，也算对文字、语言略懂一二。我们理解，作为人类文化杰出成果和最具代表性的人类精神活动创造的符号——文字，具备高度的抽象性和指向性。抽象，就需要理解主体具备从具象的事物向抽象的符号高度的联络能力；指向，至少要具备根据抽象的结果——在这里是指符号，理解其象形、指事、会意等抽象方式，将其还原到具象的能力。这一来一回的基本能力具备了，才能说是"认字"了，否则可能只是对某一图像的强化关注而已。未来，这种强化关

注还需要从具象到抽象的建构能力，以及从抽象到具象的解释能力的培养——从这个意义上说，早早识字的宝宝们还要重新（或者说"真正"）进行这个识字过程。

如果参考心理学知识，经典的皮亚杰认知发展理论将认知发展划分为4个阶段：感知运动阶段（0—2岁），前运算阶段（2—7岁），具体运算阶段（7—11、12岁），形式运算阶段（11、12岁以上）。而作为第一个阶段的感知运动阶段，"婴儿运用感觉和动作探索来获取对环境的基本理解……本阶段末，他们有了复杂的感知动作协调能力"。而真正要达到系统和抽象的思维能力，皮亚杰理论认为要到第四个阶段，也就是儿童11岁以上。

扩展阅读

皮亚杰认知发展理论

瑞士学者皮亚杰（1896—1980）通过心理学研究发现，年幼儿童不仅没有年长的儿童聪明，而且他们的思维过程完全不同。

皮亚杰认为，认知结构是用来应对或解释某些经验的有组织的思维或行为模式。例如许多儿童坚持认为太阳是活着的，因为它在每天早晨升起，晚上落下。这是他们基于自己的经验建构，人总是使用当前的认知结构来解释新的经验。但孩子们最终遇到运动的肯定不是活的事物，比如纸飞机、一个发条玩具，这样儿童的理解和实施之间就有了不平衡，现有的认知结构就需要调整。

这种解释和调整，就构成了人类适应环境的活动。

皮亚杰还提出了人类认知活动发展的四个主要阶段（见上文）。他认为所有的儿童都按照这四个阶段发展，前一个阶段是后一个阶段的基础，儿童不能跳过任何一个阶段。

在0—2岁的第一个阶段："婴儿获得对自我和他人的初步理解，建立了客体永存性，并开始把行为图式内化，生成意象和心理图式。"

（据 David R Shaffer《发展心理学》缩写）

咿呀学语：前言语需要干预吗？

 我家情况

我家宝宝的语言能力，可能不算是好的。

本来我们非常重视这个能力的培养，觉得一个人可以长得不漂亮，可以穿得很普通，但他的谈吐至少可以有文化、有见地吧？于是我们在孕期和宝宝刚出生的时候，看了不少参考书、文献综述和个案研究，但看了半天，不得要领！

第一个月，我家宝宝非常安静，不常哭，白天我们给她剪指甲、擦脸、洗澡，也很接受，或者说淡定。大概到满2个月的时候，开始自己主动发声了。特别是一些配合动作的"啊咦"等呼唤。

我们开始按照书上说的（还真忘了是哪本书了），和宝宝谈话，对她进行主动呼唤，看她是否有应答。可惜，没啥明显的回应。后来宝宝在自顾自"说话"的时候，我们也主动和她互动，甚至主动学她"阿拉咕咕"等发声，也没有见到明显的互动。有时宝宝只是淡然地看我们一眼，似乎在说，你们学的啥啊，根本不对！

后来，我们基本上放弃了对宝宝过早进行语言训练的愿望。3—5个月时，宝宝的"说话"逐渐复杂，有的"句子"达到7个音节长了。我们曾试过教她说"妈妈"，但很遗憾，基本上都没有得到过双音节"词"的回应——这个也失败了。

于是一年间，我们对她的语言训练方面一直在主动坚持的，就是和宝宝用语言"沟通"，不管她是否能听懂。在看电视、外出或者听音乐的时候，我们用"常规"的语言而不是双字词等"幼儿语"给宝宝做全程讲解，间或还给她背些诗词和古文。最夸张的是，宝宝2个月大的时候，宝宝爸不仅给宝宝背诗经里的诗，还绘声绘色地讲史记和春秋里的小故事——这个的确有点儿过了！

我们以为，这些语言"熏陶"都是不求回报的，她听不懂，只听了语调变化也好，即便连语调也没注意，熟悉了爸爸妈妈的声音也好啊。

我们对宝宝的发育印象更深的是6个月学爬，8个月学站（包括扶站拾物），10个

月学走，对言语的问题也没有多加重视。宝宝能够发出类似"妈妈"的声音，已经是 10 个月以后了，书上说这个时间宝宝能会说 10 个左右的词了（不知道这些书说的准不准，反正我们还没见过这样的孩子）。而宝宝非常准确用张大的口型、缓缓地而清晰地叫出"妈妈"、"爸爸"，已经是满 12 个月时候的事了。

也许她的言语能力的确比别人迟一些，但管她呢，能学就好了，啥时候学会，我们还真不是特别着急——反正她已经会叫爸妈了，呵呵。所以，在言语学习这个问题上，我们无经验，也无教训……

我们现在倒是觉得，过去为了训练宝宝的"听力"而读的那些诗词，对宝宝有了影响。写这个稿子的某天晚上，我们忽然想起又给她读了一遍小时候听过五六十遍的《木兰辞》，一开始读宝宝就转过头来看我们，当读到"愿驰千里足，送儿还故乡"的时候，宝宝看着我们，咧开嘴笑了——我们不敢说她是听懂了，但这些语音，至少对她是个美好的回忆！

现在我家宝宝依然不会说爸爸妈妈之外的任何词，但从 13 个半月开始，她几乎已经完全能够听懂我们日常说给她的话的意思了，而且在我们的指令下行动毫不迟疑。还有，我们已经成功诱导出她的言语对答，我们问，宝宝，小老虎怎么叫，她会夸张地"嗷——"地学一声。接着问，接着"嗷——"。不过如果你在短时间内总拿这个问她的话，她会板起脸或者皱起眉来看你，好像是说，搞什么啊，难道这很有意思吗……

现在已经听不到宝宝小时候很有意思的那些"啊——咦——"，"啊——咕咕"，"哒哒——哒哒"等的发音了，似乎她把这些词早已忘掉。

我家邻居曾对我们说，东边一栋楼的三楼家的宝宝如何如何。宝宝爸随口说，他们已经 10 个月大了吧。邻居诧异，你们认识他家宝宝？宝宝爸偷着笑了，我们其实没见过他家宝宝，只在窗外听过宝宝的"说话"，那声音和我家宝宝在 9、10 个月的时候几乎完全一样。

通过这个例子，我们疏忽觉得，这个世界真小，原来宝宝的言语发育都是早已被"设定"好了的。

这样一个关键问题就出现了：在宝宝学说话的整个过程中，特别是 1 岁以内，还需要我们的主动干预吗？

 **文献精要**

宝宝学会真正的言语之前,都是称作前言语阶段,一般为0—18个月。

一种比较成熟的理论认为,这0—18个月里宝宝关于语言方面的学习和发展,其实包括语音的感知、发音的学习,以及交往的实践,三者相辅相成。

单纯从发音看,0—18个月也可以划分为几个阶段。国外有个分段很有意思,0—4个月叫做"唧唧咕咕阶段",5—10个月为咿呀学语阶段,11—18个月为标准化言语阶段。

中国的有关研究也提出了一些划分。比如,有一个划分比较简单,分为发音期(0—6个月)、模仿期(6—12个月)、迅速发展期(13—18个月)。和国外划分有些类似的一种对汉语言语习得研究的划分,将0—3个月定为简单发音阶段,4—8个月为简单音节阶段,9—12个月为学语萌芽阶段,13—18个月为正式学语单词句子阶段。

当然,这些划分都是单纯从宝宝的言语发音上着眼的,还有的划分参考了宝宝对语音的感知和交往行动的能力,显得更加复杂,这里不再引用。

讨论这个分期有什么意义呢?一种达尔文主义的观点认为,初生的宝宝的哭声和猿的叫声类似,两者之间没有什么区别。而随着宝宝自身机能和身心的发展,宝宝的哭声发生了变化,出现了高低音和语调的变化,这种变化是猿没有的。也就是从这时开始,宝宝才开始进入言语学习阶段。

不管是哪一种分期,都是一个大范围样本观察和经验统计的结果,也就是可能具有普遍适用的意义。如果我们觉得需要对宝宝的前言语学习进行干预,特别是语音习得和发音进行诱导,那么可以在某个阶段内重点进行相应的学习,比如宝宝如果正处在音节发音阶段,可以使用"音节句",也就是以单音节、双音节词为一句来强化音感和发音。

宝宝前言语阶段对声音的感知能力,同样具有阶段性。

周兢1994年报告,婴儿音感能力的发展,遵循着辨音——辨调——辨义的发展顺序。具体而言,0—4个月为辨音的阶段。这个阶段里,大概从2个月开始,婴儿对单语音的辨别敏感,随之学习以单音节发音,比如a、ha、ei等。

从4个月开始,宝宝能对语音中的语调加以辨别了,从整块语音的不同音高与音长变化中体会所感知的话语声音的社会性意义。这个阶段到10个月龄时结束,所以这期间成为辨调期。

而10—18个月的宝宝开始对语音的辨义,汉语儿童开始学习通过汉语声韵调整合一体的感知来感受语言。

如果把发音的划分阶段和语音感知的划分阶段合并起来可以发现,宝宝的音感和发音之间是存在着紧密的发展联系的,所以,如果我们想对前言语进行干预的话,只要干预宝宝的音感,也就是通过声音的灌输,促进宝宝的发音和辨义能力的构建。

从音感到发音,其实是一个从身边人(特别是父母)的语言中来,再回到和父母的发音交流中去的过程。这实际就是一个交往的过程,所以说,交往的发展是宝宝前言语学习的目的和手段,交往本身也应该纳入言语发展的视野来研究。

周兢将宝宝前言语阶段的交往发展划分为3个阶段:产生交际倾向(0—4个月),学习交际规则(4—10个月),扩展交际能力(10—18个月)。

产生交际倾向阶段,宝宝的交际倾向主要产生自生理需求,如饿了、尿布湿了、姿势不舒服等等,宝宝需要用哭声呼唤大人来帮助他们。婴儿正是在这种情境之下发展出交际的需要。如果大人长时间忽视他们的哭声,他们会用蹬腿改换表情或者发出其他不同的声音等方式来表达自己的情绪,交往的倾向更加明显。

学习交际规则阶段,这时婴儿具有了用语音和大人"对话"的能力,而且表现为和大人轮流说,或者是大人每句话婴儿都给予充分的单音节或者双音节乃至"叽里咕噜"地应答。而且,这时的宝宝学会用不同的语调来表达自己的态度。

10个月之后,宝宝还不会用大人说话的方式来表达,但可以用一定的语音和表情动作的结合,来表达具体的语言意义。当这种表达没有被大人理解时,他们会重复这种表达直到大人弄明白。也就是他们学会了用非语言的语音、语调和动作(多是单手向前指出目标物,有时候这个动作也挺虚无,可能仅仅是为了引起大人注意,实际不是指物),而且这种发音加动作的表达方式在习得言语之后并不会立即停止,宝宝会在说话时大量使用点头、摇头、指物、招手或摆手等动作来辅助表达。

有意思的是，周兢 2006 年报告，14 个月的孩子的这种综合性的表达只有 39% 可以被理解，大约有 60% 的表达大人们不知所云。我们觉得，如果能够多对宝宝的各种发音和动作表达同时进行系统观察，这个理解的比例就能大大提高，宝宝的表达成功率提高更能固定他的这种系统配合的表达方式——可能这也是一种对前言语发展和言语习得的有效干预。

我们看到的多种研究文献和文献综述均提及，前人的多宗关于前言语向言语系统转化的观察结果里，都显示宝宝 22 个月左右是言语的暴发期，宝宝可能突然就会说完整的且有逻辑的简单句子了，可能突然习得了大量的词汇，可能在语音、语调和肢体语言的配合上有了突飞猛进的发展。所以，如果说前 18 个月的前言语学习是"过程"的话，这个暴发期的暴发程度就是"结果"，我们对过程的干预是否成功，都需要这个结果来检验。

尿，把还是不把？

 我家情况

估计很多人看了这个标题肯定不屑，这个怎么还用讨论啊？

可这的确是个问题，虽然中国孩子千千万万都是从很小的时候就开始了把尿（我们觉得这就是中式排尿训练）。

我们知道把尿的个案最早的是，出生第二天。据说，胎便都是把出来的——当时想，这个有点儿夸张了吧？

我家宝宝没有把尿，所以很多朋友以为我们"西化"非常严重。其实不然，我们本来想把的，就是没找对机会。

我们在宝宝出生前专题研究过把尿的问题，发现经典教科书一般都认为，小婴儿没有自主控制排便（尿）的任何能力，这种自主排便的意识控制，至少要从18个月时才开始。而文献记载排便训练最早的时间，也是要从13个月开始。

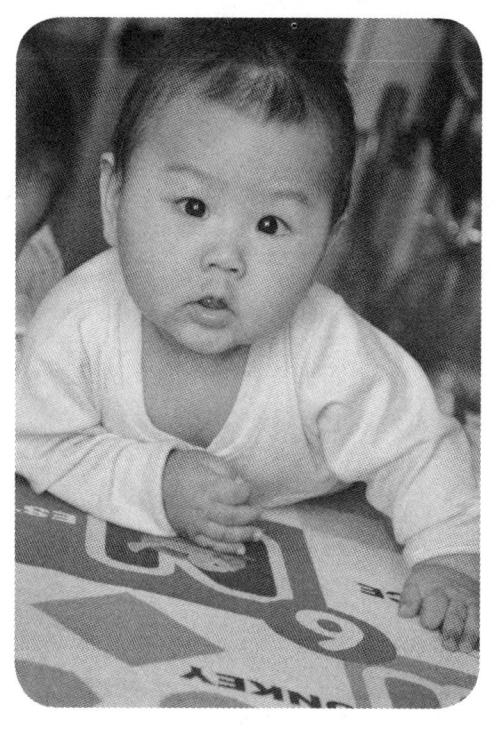

对于我们传统的把尿，一般人认为这是在培养孩子的一种条件反射。在西方的教材和育儿书里认为这种较早训练排便的方式影响了孩子的自然发育。

把尿是否影响发育我们是存疑的，中国宝宝都是把尿把大的，中国人不都是非常聪明吗？

就是因为这个把和不把的矛盾，我们心理上初步把把尿训练的时间定在了宝宝半岁以后。没想到，宝宝半岁时，我们工作都非常忙，看护人看孩子时也比较辛苦，没能坚

持进行把尿训练。

到宝宝9个月大，我们赶紧开始训练的时候，宝宝的自主意识已经非常强。她很不喜欢被人斜着抱在腿上的感觉，把不了半分钟，她就开始挺腰、四肢乱动，反正是怎么捣乱怎么和你来。

这下可好了，训练了不到一个月，毫无进展，反倒经常和宝宝闹"不愉快"，没办法，那就纯"西式"来吧，直接等着宝宝自己学习排尿了。

本书说的内容是"宝宝一岁"，但今天这个话题有点超时：到宝宝满16个月的时候，我们发现她已经出现自己蹲下排尿，而且单次排尿量较大，排尿间隔在不断拉大，夜尿也少了。

于是我们重新开始训练宝宝学习下蹲排尿。一开始效果很好，宝宝进步也很大。可惜中间宝宝连续2周消化不好，训练中断了，刚刚学会的东西，被宝宝忘了不少。

现在，她至少能做到相当部分的大量排尿且不尿湿裤子了。但主要还是随便撒在地上，不能做到找马桶，在马桶上也没有成功排尿的记录。

如果从这个时间点往前回顾，我们觉得我们的教训中至少可以总结出以下几个要点：

（1）如果要把尿，还是不要拖到8、9个月那么晚，宝宝一反感，谁也没办法。

（2）如果不把尿，尿布当然会洗得多一点，纸尿裤会费一点儿，但宝宝比较自由。

（3）我们现在碰到的宝宝学习下蹲排尿的麻烦，其实在男孩中是不大存在的。只要开裆裤足够宽敞，男宝宝只要站立自行排尿就行了，所以他们如果不把尿，应该也比女宝宝"摘尿布"早得多。

（4）从宝宝生长发育情况看，手托式把尿存在一定危险，我们觉得至少应该在保证安全和宝宝可接受的时候开始进行。

最后想说，这个把尿，可能是我们自己觉得一年中最失败的一件事了。本来想的比较简单，因为大家都把，我们也随大流，把就把呗。也许还是受到经典理论18个月开始训练的影响，宝宝的训练开始晚了，没学成，责任在我们。后来我们的心态又有些急了，从满13个月宝宝刚能蹲稳当开始就想训练宝宝自己排尿，最终也证明的确是操之过急了,只是让宝宝多尿了几百次裤子而已。

所以说,如果你想让宝宝随性发展,那么不要着急,慢慢等他自己自然学会。如果把尿了,那么坚持把下去。不管把没把,宝宝真正学会自己排尿,很多书都说是2岁——还早着呢!

我们平日里说的,宝宝控制排尿的"本领",一般是指由大脑皮层的主动意识指挥排尿动作。这个本领一般是后天养成的,多出现在2岁左右的幼儿。

要说这个"本领",就有必要解释一下,没有这个本领时宝宝是如何排尿的。现有文献多认为,婴儿这个阶段的排尿,是受脊髓水平的反射神经控制,说白了,就是宝宝的膀胱感受到尿多了,然后脊髓反射性指挥排尿,这里并不需要宝宝自己的意识干预,首先宝宝没有这个意识,即便有,想干预排尿也要等到神经发育好,排尿控制"上交"到大脑皮层才行。

这个排尿反射的引出,应该受膀胱的"压力感受器"控制,也就是只要尿多了就会尿,不管时间、地点,也不管有没有尿布,路边有没有禁止大小便的牌子。

也有文献认为,宝宝这个阶段的排尿控制,可以建立条件反射。也就是说,可以通过给宝宝一些刺激,引起他的排尿行为,比如脱掉尿布、打铃、倾斜抱持、牵拉分开双腿等——如果这个理论成立,那么把尿就是一种条件反射行为,所以把尿对将来的主动排便训练是没有促进作用的。

可是,宝宝真正的自己排尿是什么样的呢?

金星明医生在论文中介绍,常见的是一种"瓦耳萨耳瓦方式",也就是小儿紧闭住嘴,深呼吸,咽鼓管充气,最终引出排尿动作,基本上可以形象地描述为"闭嘴鼓耳式"。我们观察了一些3岁左右自主排尿的儿童,很多孩子这个动作非常明显。

说到这里,宝宝什么时候是反射排尿,什么时候开始自主控制,还有排尿动作的文献都引述了。但最关键的问题还没有解决,宝宝该如何学会自己排尿啊?

目前的文献普遍认为,主动排尿这个本领,是需要训练的。

澳大利亚医生 Christopher green 在他的著名育儿书《Toddler taming》中,提到了一套简单可行的方法。首先使用训练裤,让宝宝讨厌尿湿的感觉,正式训练可以采用大人示范、幼儿模仿的方法(指在厕所里马桶上排尿),而且训练要持之以恒(若需要查阅详细信息，请参阅原书）。

相对于大便的主动排便训练，各种育儿书和文献对排尿训练的陈述很少，着力也小——这至少说明一个问题，排尿训练不是什么麻烦事，宝宝自己养成的可能性非常大，作为家长，只要告诉他们可以在哪里排尿，不可以在哪里排尿而已。

接下来一个问题，不论对于习惯于把尿的宝宝，还是不把尿一直用尿布的宝宝都很重要：何时开始排尿训练？

何斌斌等（2008年）介绍，女孩出现大小便训练的技能要早于男孩，对使用便壶表现出兴趣，男孩平均要26个月大时出现，女孩仅需要24个月；能连续2小时保持不尿湿，男孩要29个月，女孩则要26个月，表现出要去上厕所的需要，男孩需要29个月大，女孩则仅需要26个月，且白天能够做到不尿湿的平均年龄，男孩35.0个月，女孩32.5个月。

Azrin等提出了一套完整的开始排尿训练的标准：

（1）一定的膀胱控制能力，幼儿已有尿意且排尿流畅。

（2）体格发育方面，能自由地在房间内走动，可以精确地捡起地上的小东西。

（3）听从命令，在认知发育上能完成10个简单任务中的8个。

宝宝达到了上述标准，即表示完成了排尿等待期，可以开始白天的排尿训练。

这里的第一条关于膀胱控制能力，我们要多说几句。一般认为，12个月左右的宝宝，已经具有了白天控制膀胱排尿的能力。我们可以多观察，有的宝宝在室外就不爱排尿，有的宝宝在某间屋子里就不爱排尿，这就是膀胱控制的表现。

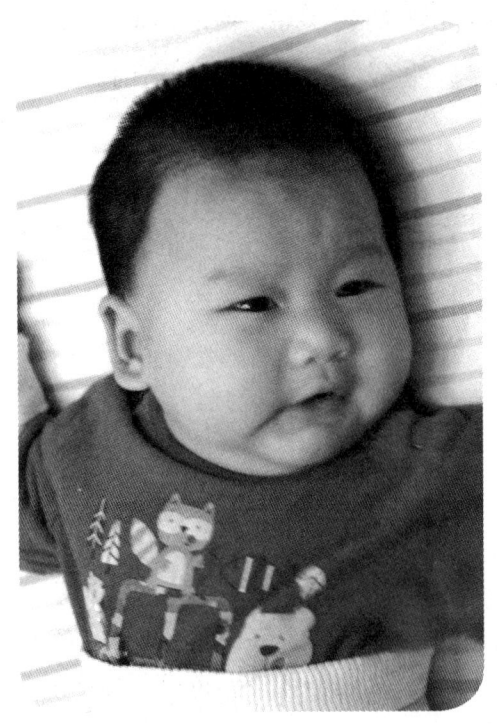

如果用宝宝的月龄来计算的话，一般认为开始白天排尿训练的时间是18个月，也有人认为20个月或24个月的。在我们看到的文献里，没有早于18个月的——经过上述系列陈述我们可以知道，宝宝自主排尿的本领是和神经发育阶段密切相关的，这个急不得，所以提前开始排尿训练大约都没有什么意义，很多文献提到过早训练反倒会影响宝宝的心理，是未来排尿障碍的诱因。

也有文献认为，在男孩排尿训练中应当先要求其学会坐着排尿，因为如果先训练站立排尿，他们可能就不愿意坐着进行大便训练。

美国儿科学会(AAP)关于大小便训练的父母指导中指出，在开始着手训练儿童大小便时，要关注儿童的气质在训练中的影响：

（1）考虑幼儿的情绪以及在白天儿童觉得最适合的时间进行训练，训练计划要基于儿童最配合的时间。

（2）如果儿童属于害羞和退缩型的，这就需要额外的支持和鼓励。

（3）要了解儿童的注意广度。坐在便壶上儿童不自觉地会用分心来使自己感到舒服。因此可以采取给他讲故事的方法来保持幼儿的兴趣。

（4）要了解儿童的受挫水平，做好在训练的每一步骤中鼓励和提高儿童自信心的准备。

一般认为，宝宝学习排尿是通过主动控制提肛肌收缩，带动逼尿肌收缩而最终引出排尿动作的，所以宝宝刚学习排尿时，可能见到的是和排大便类似的动作，而不是经典的"瓦耳萨耳瓦方式"。

需要特别说明一下，我们说的排尿训练，一般都是指白天的排尿，夜晚排尿训练在整个排便训练中应该排在最后，在白天排尿和主动排便的本领完全获得以后再考虑。因为这个话题远远超出本书"宝宝一岁"的范围，这里从略。

关于幼儿排尿训练和把尿的问题，我们关注已经近两年。遗憾的是，在中文文献里近3年都没有把尿这事的研究文献，至少我费了很大力气查阅，也没有看到——看来这事对国人还真不重要。而西方一般不研究把尿这事，所以本文最想研究的问题"宝宝该不该把尿"，非常抱歉的是——结论还是存疑。

题外阅读

谁的原教旨

去年，我们偶然看一个电视育儿类节目，有一位年纪非常大的老专家在讲述她对婴儿排尿训练的意见，听起来她是个"提倡把尿派"的。她说道，她给邻居一位国外的妈妈介绍中国的把尿方法，并给她用她6个月大的宝宝做了演示，结果那个"洋"

宝宝也真的排出了尿液。没想到洋妈妈却睁大了眼睛说，NO，NO，不可以。她问，你看不是成功了吗？结果人家告诉她，如果这个把尿在宝宝的家乡被邻居看到，会被以为是虐待儿童。

专家打趣那位洋妈妈，你觉得我是在虐待宝宝吗？专家转述，洋妈妈告诉她，虽然你的方法很好，但我们家乡那里宝宝的尿布都要戴到2岁左右的，这个没关系，让宝宝保持这个年龄应有的自由，我们麻烦一点儿也没有什么。

转述到此为止。接下来专家说，我觉得他们（指那位洋妈妈）在培养孩子这方面就有点原教旨主义，他们太放纵孩子了，你说能把尿，让宝宝养成排便规律，为啥你就不做呢？哎呀，这个原教旨真是害死人。

专家说到"原教旨害死人"这句话时轻慢的语气和表情，给我们的印象深刻。说真的，术业有专攻，我们不能评价把尿和专家说的"原教旨放任"的两种方法之间孰优孰劣，我们也没有拿自己的宝宝去做这个所谓原教旨试验品的企图。我们只是想知道，这个原教旨害死人的说法从何而来，有严格的大样本研究数据支撑吗？如果没有，这种批评是出于科学研讨的目的吗？

互联网论坛上也有人以西方的孩子建构能力强，中国孩子拘谨但线性学习能力强来论证西方对宝宝自由的尊重（包括不把尿）是正确的。但他们依然没能举出令人信服的科学依据。

记录下这两种对立的言论，并不想表明我们对于把尿的任何态度——我们在这件事上没有态度——但既然是科学的争论，而且关系到千万宝宝的今天和未来，所以请大家都拿出依据来……

[第 三 篇]
常见病自医

我们原先以为,如果能把宝宝护理好,不要冻着热着,不吃生冷变质的食物,宝宝就不会病了。现在回头再看这件事,觉得,希望总是美好的,但现实就是现实……

感冒的几个自医原则

 我家情况

前几天看到一个也是孩子家长的朋友的QQ签名:"我家宝宝常做的事,吃饭、睡觉、感冒……"虽然是个生活小幽默,但的确说明了感冒这种"小病"的平常。

感冒(专业称上呼吸道感染)的治疗,我们还算是有经验的——这个也算是医生的基本功吧。宝宝爸在农村基层工作时,曾碰到一位不会治疗感冒的医生,——这个,在医学界也算是奇闻一则吧。

说正题。

从6个月开始,到1岁止,我家宝宝至少有5次发烧了。除了一次是疫苗接种后高热,一次是幼儿急疹,另外有2次可以证明是感冒了,而且从症状看是普通病毒感染(非流感病毒)。

对抗感冒,我们根据宝宝的病程和症状,主要选择的是药物+物理退热的方法,1岁之前没有使用含抗过敏药的复方制剂。每次宝宝发烧的病程也就是2天左右,只要她稍一觉得舒服,就又跌跌撞撞地满床乱跑了。

我家的治疗原则可以简单总结一下:

首先,合理处理发热。物理退热一般适用于较低的发热,如低于38.5℃,温水浴是个好方法。再高的发热应该使用药物退热,退热药的最好选择是扑热息痛,各家药厂都开发有液体的儿童专用制剂,味道还比较甜,宝宝容易接受。一般扑热息痛不用于1岁以下的宝宝,应该选择布洛芬。但必要时,6个月以上的宝宝医生也会给处方扑热息痛。

另外,我们不选择可能退热效果比较好的"尼美舒利",因为我们坚信一点,只有经过几十亿人使用检验的药,才是最好的药。后来尼美舒利因为虚假宣传引起公共舆论事件,也让我们庆幸这个选择。

其次,暂不用含抗过敏药的复方制剂。我们不使用这种药的原因,在专门说到抗

过敏药时会详细说明。网络论坛上有很多爸爸妈妈说他们很早就给孩子用了,非常有效,而且没见到有什么副作用。但从用药安全来讲,抗过敏药对1岁以下的宝宝使用早了点儿,尽量少选用。

还有,高热不捂。我家宝宝发烧都来势凶猛,这时我们就按平时的标准给宝宝穿衣,规规矩矩去医院(家里打针不能保证安全啊)。儿科大夫一般开的退热药方,都是肌肉注射安痛定复方制剂。宝宝高热时很听话,打针也不大哭,退热也挺快,这是最让我们欣慰的一点了。

其实治疗成人的感冒我们还是很有心得的,最关键的一条,就是迅速使用"症状纠正药"(例如感冒复方制剂)。我们的经验,如果在刚刚感觉自己要感冒,比如特殊的头痛、鼻塞、咽痛的时候,服用这些制剂可以迅速纠正症状,甚至可以让病程停在这里,不再向严重发展。我们自己用这个办法,创造了连续4、5年"不感冒"的记录。但这种方法是否适用于宝宝,我们没有把握——但尽早用药这个原则,我们还是敢负责的,使用我们这个原则的朋友(都是成人),都对它赞赏有加。

文献和临床治疗原则精要

感冒不是个纯正的医学名词,为了大家理解方便,我们就用这个名词来代指流行性感冒、急性上呼吸道感染等一组类似的疾病。

首先,有几个要点要说明:

(1)病毒感冒

我们曾看到过一个科普杂志中的一篇文章说,超过7成的上呼吸道感染是病毒引起的。在医学教材里我们没看到过这个数据。其实如果把流感、急性上呼吸道感染等都当做感冒的话,确实是"病毒感冒"比较多一点。

除了流感之外,病毒导致的感冒治疗原则大约有以下3点:

(1)抗生素无效,一般不需使用,细菌联合感染除外。

(2)对症,纠正流鼻涕、打喷嚏、发热、咽喉肿痛等症状。

(3)防止人群间传染。

病毒是非常简单的一类病原体,只有一个蛋白质的"衣壳"包裹着核酸(DNA或RNA)寄生在细胞内。感染病之中,越是简单的病原体,一般导致的症状越厉害。病毒就是这样,比细菌症状重,因为位于细胞内,机体自身免疫和药物还不易起效。

我们日常使用的抗生素,如头孢、沙星类药物,都是针对一个完整细胞来起杀灭作用的,对于这些没有基本细胞结构属性的病毒,抗生素其实无能为力。所以,既然病毒感冒比较常见,那么在没有细菌感染证据之前,不应该口服及注射抗生素。

(2)感冒具明显"自限性"

病毒性感冒具有明显的自限性,一般潜伏期3天(这时可能已经形成病毒血症,有的人已经有浑身发紧等不适),发病5天左右,恢复期1—3天,整个病程1周左右。大部分患者即便不经过治疗,也能够痊愈。

但6—12个月的宝宝抗感染能力较弱,如果这一阶段患感冒,自限性可能并不明显。所以,应该尽可能纠正各种症状,缩短感冒的病程。

细菌导致的上呼吸道感染,大多也能不经过主动治疗而痊愈。

关于感冒的结果,很多人说会转成肺炎。但在临床上见到的典型的小叶肺炎,大多都是直接起病,前面并没有一个感冒阶段。患儿只是表现为发热和咳嗽,到医院一查,肺炎已经很明显了。

但如果感冒迁延不愈,确实有向支气管炎、肺炎发展的可能。所以感冒的自限性,特别是对于小宝宝而言,并不等于不治疗。这可能和很多人的"感冒不吃药"逻辑相反。这里可以肯定地说,感冒不吃药不适合于儿童,特别不适合于小宝宝。

前面的很多内容都是讲到哪里就解释到哪里,这次我们换了方法,把需要的基础知识先分别说明了一下。下面有一些自己治疗和护理感冒患儿的参考,希望能对大家有帮助。

（1）鉴别感染性质

细菌和病毒感染导致的感冒治疗方法有不同，所以应该鉴别。两种感冒发热、流涕、镇咳等症状纠正方面疗法相同，但使用抗生素方面不同。

最好的方法是做血液白细胞计数，病毒感染往往总数不增高，细菌感染白细胞总数高，中性粒细胞绝对数增加。

病毒感冒的发热可能较急，特别是小宝宝，在其他症状还没有表现出来，或仅仅有一点儿轻微症状时，发热骤起，而且迅速超过39℃。

细菌感染往往合并急性化脓性扁桃体炎，直视扁桃体肿大，有黄白色脓点，小儿吞咽疼痛，甚至拒食。

（2）抗病毒

很多人认为是药三分毒，感冒时不想用药。实际上根据我们的临床经验，感冒的转归（也就是结果）是和你的治疗方法有很大关系的。如果治疗措施及时得当，很可能会把感染症状局限在上呼吸道，不会影响支气管，更不会造成肺转移。

要治疗实际有两种方法，一种是抗病毒，另一种是"症状纠正"。

抗病毒也主要是指对抗流感病毒，其他微小病毒、鼻病毒、腺病毒导致的感冒，临床上一般不采取抗病毒治疗。目前对抗流感病毒有两种"一线药"：金刚烷胺和达菲。

金刚烷胺可以防止流感病毒穿入易感细胞，所以被推荐为可以口服的预防流感药物（注意对普通感冒没有预防效果）。

达菲随着H5N1（禽流感）、H1N1等严重的流感病毒导致的公共事件而"扬名天下"。这个药非常昂贵，但效果很好，副作用也不少。

板蓝根等中药根据药典记载也有抗病毒作用，并在国内大范围使用。我们不是中医医生，所以对这个没有发言权。

（3）症状需"纠正"

流鼻涕、打喷嚏、咽喉肿痛、发热等都是感冒最常见的症状。这些症状主要是由于病毒或细菌感染后，导致体内的免疫"清除"功能启动，嗜碱细胞、肥大细胞在免疫过程中颗粒脱出，大量组胺释放出来，导致一系列流鼻涕、打喷嚏等"组胺症状"。

所以，对抗组胺是最重要的"症状纠正"。但可惜的是，对抗组胺的是抗过敏药，这类药以扑尔敏为代表。但是几乎所有的抗过敏药都被禁用于1岁以下儿童。换言之，

1岁以下的孩子，不能服用这类"抗过敏"的感冒药。

另外一个"对症"是解决流鼻涕。最常用的缓解流涕的药物是伪麻黄素，这个药使用后一般立竿见影，鼻部血管收缩，分泌减少。但伪麻黄素一般不推荐用于2岁以下的小儿，特别是1岁以下的婴幼儿。

发热是最常见的感冒症状，一般可用温水浴等物理疗法纠正，高热需要服用或注射退热药。小儿多用对乙酰氨基酚，世界卫生组织推荐布洛芬可以用于3个月以上的婴儿。具体退热方法参考"宝宝发烧了怎么办"一节。

还有需要纠正的是咽喉肿痛、咳嗽等炎症表现。一般若感冒合并急性扁桃体炎，大多提示已有细菌感染。如果这时合并有白细胞总数增高，可以使用抗生素了。

咳嗽可以用镇咳药纠正。但很多时候，咳嗽带痰是肺炎的信号，如果合并高热，应该送医院诊治。临床常用的中枢镇咳药为可待因（咳嗽药水主要成分），同样不适用于小宝宝。

（4）要不要打疫苗

流感可以通过接种流感疫苗来预防，但流感裂解病毒疫苗很容易引起发热、肌肉疼痛等类似上感（感冒）症状的一些副作用，几乎等于是一场"小感冒"（详细参见疫苗章流感裂解疫苗）。所以是否选择接种这个疫苗，应权衡决定。

其他容易引起肺炎的肺炎链球菌、b型流感嗜血杆菌均有预防效果较好的疫苗。但这些疫苗对普通细菌性感冒的预防作用似乎不大。

其他鼻病毒、腺病毒等没有常规疫苗可以预防。

此外，感冒还应该注意和百日咳（严重的呛咳为特点且病程很长，最短21天）、支气管炎（可能伴有哮喘）、肺炎（鼻翼翕动、呼吸困难、高热等）等较严重的疾病鉴别。

因为感冒实在是太常见了，所以说得有些啰嗦。总的来看，如果了解了有关的治疗原则，在OTC选药时，基本可以做到准确、稳妥，最终宝宝可以很快地克服感冒症状，顺利康复。

虽然我们不是中医，最后还想多说一句。虽然很多药名标注为"小儿感冒颗粒"，但仔细查看它的配方，其实还是辛凉解表方。中医将外感风邪分为风寒表证、风热表证，辛温解表药主要用在风寒表证上，辛凉解表用于风热表证。所以，在选择"清热解毒口服液"、"感冒颗粒"等药物时，还需要进行寒热辨证，否则按中医理论可能会用反药。详细请参考中医典籍或中医科普书籍。

宝宝发烧了，怎么办？

 我家情况

宝宝发烧应该是个比较常见的情况，从 6 个月龄以后各种感染的几率增加，发烧的可能当然也会增加。如果算一下，我家宝宝 1 岁之前大约发热（当然叫发烧也行啊）5 次，病因么，疫苗反应 1 次，感冒 2 次，幼儿急疹 1 次，受凉（消化道反应）1 次。

根据病因不同，我们的处理也不大相同，有的坚持自医了，有的请儿科医生诊治。

（1）一般不超过 39.5℃ 的发热，只用药物退热和物理降温，超出 39.5℃ 的请医生肌注退热药。

（2）对症处理原发疾病。

（3）尽量保证宝宝正常饮食和哺乳，若宝宝拒食，可采取流食，以补充因发热消耗掉的宝宝体能。

（4）除非常必要，杜绝静脉用药。

（5）发热期间亦安排宝宝外出活动，正常着装，不捂盖衣物被褥，以利宝宝散热，防止高热惊厥。

（6）发热痊愈后适当多补充蛋白质类、糖类、维生素类的营养。

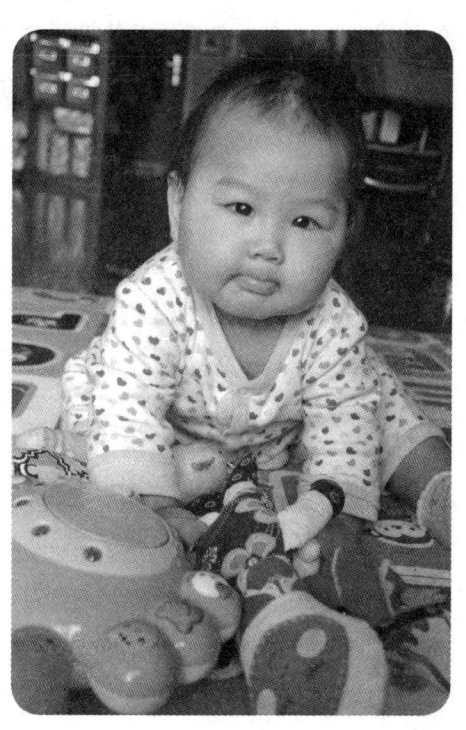

这些原则是根据我们的一些经验总结的，实际用起来还是有一定效果的。而且每次宝宝痊愈也比较快，我们也觉得很欣慰。

这些原则也不是没碰到问题——我们遇到最大的困难，还是宝宝不吃药。虽然现在已经有很多适合宝宝服用的带甜味剂的非固态药品，但我家宝宝这方面口味非常"刁"，稍有

异味儿的药品她就拒绝服用。不管最终是如何糊弄着吃下去的，我们坚持了不强行灌服（防止心理伤害和对药品的过度厌恶）。

我们想，宝宝不吃药可能是大家都会碰到的问题。而且这时你讲多少道理都没用，宝宝就是认死理，这个东西不好吃，我就是不吃！遇到这种情况，可能灌药也是迫不得已。如果真的不想灌药，还有一个不得已才可选用的方法：哺乳期的宝宝可以由妈妈代服药。

很多药物代谢的活性形式都可以出现在乳汁里，所以哺乳期的宝宝可以让妈妈做"药斗"，间接给药。但这个方法需要注意，选择的药品要能够出现在乳汁中。母亲代服的优点是药品由妈妈的肝脏来代谢，防止毒害宝宝的肝脏，但缺点是起效慢，而且用量不好控制，只能推测性地由妈妈服用较低的剂量。但需要注意，妈妈服用的应该是宝宝制剂，很多不适合宝宝的成人用复方制剂不适用这个方法（具体请咨询医生）。

有效建议

宝宝体温比成人高，所以宝宝发烧有一个比较严格的标准：腋下体温大于37.4℃才能确定。而且宝宝的体温波动很大，短期内由于运动、进食（哺乳）或哭闹可能会使体温升高，升高一般不超过1℃。也就是说，如果运动、哺乳或哭闹时测到38℃左右的体温，也不能确定就是发热，需要动态观察一段时间，如果体温持续，方能断定。

关于宝宝的体温测量，还有些需要注意。目前习惯使用的水银温度计，易碎且水银有剧毒，使用时应该注意安全，最好不要量取肛温或舌下温。宝宝稍大一点儿后可能就不接受体温计这个平时见不到的"怪家伙"了，即便爸妈把他束缚住，他对体温计的排斥也可能会造成量取不准。所以，如果宝宝发热比较频繁，可以试着准备一只电子非接触式的体温计。

这种体温计使用非常方便，但注意，量取的体温结果可能会比水银体温计的结果偏低。我们建议大家最好用正常的成人体温，用一只标准的水银体温计把电子体温计校准一下，至少应该知道电子体温计的标示称读数实际等于多少水银体温计读数。

还要啰嗦一点儿，水银体温计非常容易摔破，摔破后里面的汞会流到外面。这时需要警惕，汞非常容易挥发，可能在短时间内变成汞蒸气，宝宝和成人吸入都会中毒。水银珠很不好收集，但应尽快将其收集起来放入密闭玻璃容器，稍后进行硫化处理或请专业人员处置。

接下来的问题，如果体温显示宝宝确实已经发烧了，那么我们要做什么？

（1）建议首先找找病因。

也许有人会说找病因是医生的工作。但是，任何一位医生对疾病的判断都需要患者的病史，这些还是要靠宝宝爸妈提供的。建议发现宝宝发烧后，用1、2分钟仔细回忆一下，宝宝都有哪些可能发烧的病因，比如疫苗注射、感冒、腹泻、积食等等，或者之前有什么接触史，比如和得病的宝宝一起玩儿了，在密闭的公共空间呆了很久，刚刚出现过敏，等等。

发烧只是一个疾病症状，如果能够找到明确的原发病因，我们应该努力纠正原发病因，釜底抽薪地钳制发热这个症状。即便宝宝症状严重需要送医院，我们理清了上面这些病因，也能及时为医生诊断提供参考。

（2）观察一下热型

热型是一个听起来非常专业的词，其实它也没那么复杂。如果通俗一点儿说，热型就是发热的时间、热度、热持续时间和频率，以及退热症状的集合。这么说还不够通俗？那好，举个例子，如果宝宝因为感冒而发热，那么都是先有感冒症状，流鼻涕、打喷嚏、咳嗽等，然后发热，发热一般都是下午或晚上出现，早上退热，而且热度比较高，常超过39℃，如果不用退热药，热不会自行消退等等。这就是一个宝宝的热型。

宝宝还可能有很多其他的热型。比如宝宝突然发热，热度很高，而且稽留不退，早上也不退热，即便使用退热药，2—3小时后热又上来了。而且宝宝有拒食、呕吐等症状，热退以后出现腹泻。最后查找病因，发现这是一次过量饮食导致的消化不良。

观察这个热型有什么意义呢？它有一个倒溯的经验诊断意义。假如宝宝的一次病毒性感冒是这样的症状，先鼻子干、流鼻涕，然后发热，而且是晨退夜出，鼻涕没有以后热减退，同时嗓子开始发炎，经过4—5天才痊愈。那么，如果后来再出现这样的症状，我们就知道他大概是什么病了，而且知道下一步疾病如何发展，提前做好相应的治疗和护理准备。

根据经验，宝宝特别是小宝宝的热型在鉴别疾病时非常有意义（最典型的是疟疾，看热型即知病原），我们经常可以在宝宝身上见到发热症状"昨日重现"，宝宝爸妈凭这个判断病因，有时候比医院的诊断还准呢！

（3）若想自医，可稍等症状出现

宝宝由于体质弱，各项机能发育仍不完全，很容易出现高热，而且较常见的是骤起不退的高热。

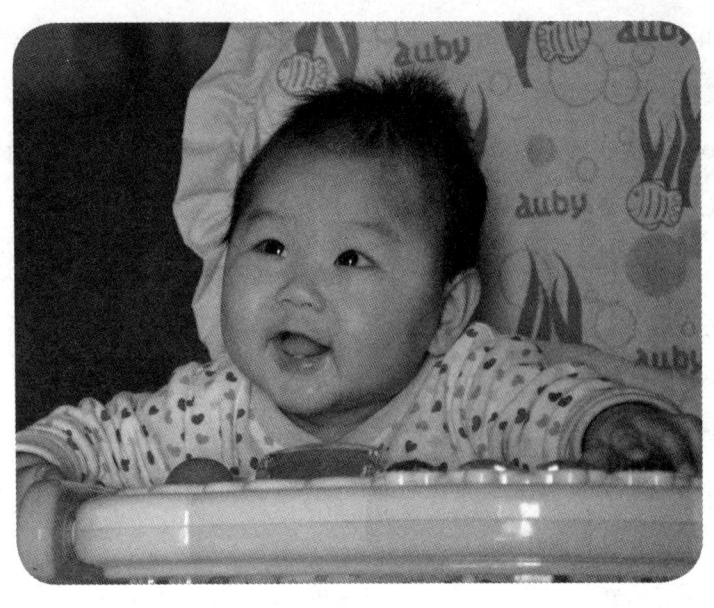

大人发热症状很多都在其他症状之后，宝宝的发热特点是骤起高热，很容易在其他主要症状之前就出现。这时就有个麻烦的问题，没有其他症状，我们如何找到治疗方法，医生如何判断疾病的原因？

这时若有充足的把握自医，应该在物理或者服药退热之后，仔细观察宝宝的症状。比如头胸部皮肤有无变化，消化道有无反应，呼吸道有无改变等等。也许用不了几个小时，典型的症状就出来了——有症状就好办了！

我们看互联网论坛，发现很多发帖者都认为，宝宝发个烧很正常，还可以动员免疫力，所以只要在家简单处理一下，等烧退了就好了（实际上免疫经典理论认为发热会损害免疫力）。

这个说法有一点儿道理，但是，发热是一个非常普遍的症状，一般宝宝不会有单纯的发热，都会有感染、外来异物（如疫苗）、结核等原发病因，而且在发热的治疗中，处理原发病因比处理发热更为重要。一些病因明确的发热，比如上感合并发热、轻度腹泻合并发热，确实可以通过周致的护理和OTC（非处方）用药解决。所以，大家对宝宝发热是否送医院应该有一个清晰的判断，什么症状可以处理好，什么症状比较严重不能耽搁，应该有严格界定。同时应该仔细观察，如果遇到一些没有见过的症状，比如宝宝呼吸变得明显急促，呼吸时鼻翼都在煽动，面孔色潮红并伴有咳嗽等症，应该立即送医（疑似肺炎）院。

（4）患儿一般护理

通风、清洁，保持宝宝情绪愉快等都是防止宝宝患病的常规护理，这里不赘述。

特别需要注意的是，发热宝宝不能穿或盖过多的衣服与被子。可能有人觉得宝宝发热是受风了，为了防止再受风，就要捂着。这种观点是错误的，宝宝发热时对机体各器官特别是神经系统有较大损害，所以要及时散热，给宝宝捂太多衣服与被子肯定不利于散热，捂得太多还可能会引起严重的高热惊厥。

同时，民间多认为"捂汗"可以退烧，所以经常给发热的宝宝"捂"。我们在门诊曾见过，夏天一个发热的宝宝，是穿着毛衣外面套着羽绒服来的——这样不给捂晕了才怪。所以这里说明一下，宝宝退热时经常有出汗，但不能反过来说出汗能退热，这是倒因为果，如果因此用高热的捂或盖逼宝宝出汗，肯定是南辕北辙！

物理退热可选择退热贴，贴于宝宝额头或大动脉处，以利于散热降温。

亦可选冷毛巾敷于宝宝额头替代。

物理降温医生一般推荐酒精浴，对于1岁之内的宝宝，可以用温水浴替代。其方法是宝宝去衣，简单覆以毛巾被等，额头覆冷湿巾，足部保暖，家长取27℃—37℃的温水拍拭于（注意是拍不是擦，擦拭会产热）宝宝身上，一般下肢拍3分钟，背部2分钟，胸腹部、颈部不要拍拭，腋下及腹股沟等处可多拍拭。浴后宝宝不要立即穿衣，大毛巾覆盖即可。

很多家长不能接受酒精（温水）浴，害怕冻着宝宝，其实这种担忧是不必要的。酒精（温水）浴虽然是一种辅助的降温措施，但比药物降温（一般半小时左右）要快，而且对稽留高热的患儿非常有效。

（5）一些可以采取的自医措施

首先是药物退热。退热一般采用"解热抗炎镇痛药"，这组药品服用后，会同时发生解热、抗炎和镇痛的作用。常用的一代解热药有布洛芬（可用于2个月以上的宝宝）等，还有常用的退热药扑热息痛（一般用于1岁以上的宝宝）。这些药一般都有适合儿童服用的制剂。

医生为宝宝退热一般爱开复方安痛定肌注，安痛定亦属于氨基比林类抗炎退热药。

退热不解决实质问题，所以一定要同时治疗原发疾病。比如病毒性感冒引起的发热，可以同时抗病毒，并用药对抗感冒的症状，或者根据辨证服用解表的中药成剂（可参考"感冒OTC"一节）。

扩展阅读

长期发热的病因

长期发热指发烧持续两周以上。临床上对长期发热都感觉比较"头疼",是列入难治疾病之列的。小宝宝长期反复发热更应该引起重视。

找出病因是长期发热治疗的当务之急——虽然这个有时十分困难。

因为长期发热肯定是需要资深医生诊断和施治的疾病,所以这里仅提供一些可能的诊断方向。

- 长期发热伴畏寒、寒战,多见于亚急性细菌性心内膜炎。疟疾的发热也常伴寒战。
- 长期发热伴多汗,常见于风湿热。热退后大汗见于疟疾;盗汗常见于结核病。
- 长期发热伴咳嗽、气急、紫绀,常见于肺炎等呼吸系统问题疾病。
- 长期发热伴头痛、呕吐,甚至惊厥、昏迷,常提示中枢神经系统感染。
- 长期发热伴皮疹、出血性皮疹,多见于败血症、白血病等。
- 长期发热伴肝脾肿大,脾肿大为主,提示或有血液系统疾病。
- 长期发热伴多系统损害,考虑为结缔组织病,如红斑狼疮。

宝宝腹泻：别忘 ORS

 我家情况

我家宝宝 17 个月大的时候，曾经出现过一次相对比较重的腹泻。我们权衡了一下，还是带宝宝去医院了。这里说的"比较重"，其实也不算是非常严重，主要还是粥样便，一天大便 10 次，次数有点儿多了，没有出现水样泻或者严重的脱水表现。

到了医院讲了症状，医生也认为不重，但考虑到已经是初夏季节，还是推荐我们使用抗生素。我们一般是不会影响医生的处方的，但这次开药时还是提了个要求：多给我们一点儿 ORS 吧，这次用不了以后还有用，大人也能用啊。其实这也是我们到医院来的原因，我们知道这种药在药店不好买，所以专门奔着三甲医院儿科来的。

结果那位年资很高的医生看着我们，有些不好意思地说，这个……可能没有，你让我查查啊。计算机查了一下，果然，这个 ORS，药房没有！我们颇感意外，三甲医院的儿科怎么能没有这个呢？医生似乎也看出我们的心思，抱怨似地说，唉，应该有的东西多了，我们说多少次都不管用啊。

于是，从医院出来，我们只好挨家药店去问，有口服补液盐吗？有的药店里的售货员反问我们一句，什么？我们不抱希望地再重复两遍，人家直接告诉你一个字：没有！

行吧，没有就没有吧，但我们还是需要啊，只能继续找——因为那个三甲医院的儿科医生告诉我们了，他有买到这个药的患者，就是在药店！

于是，我们就这样一家一家地问下去。更让人意外的是，在一家药店一个小伙子说，你们把药名记错了吧，哪有这种药？我们一惊，只好说，你是药师吗？这药有啊。小伙子冷笑一下，我是药师啊，我怎么不知道？于是我们有点压抑不住地说，ORS 是肠道一线用药，口服补液盐，WHO 全球推荐的，你是不是上学时这部分缺课了？

说这件事我们不是为了攻击任何人，只是想说明，这个 ORS 有多么不出名，而这个药还是临床基本用药，世界卫生组织推荐的腹泻补液首选药，而且是家庭自医的腹

泻常规用药！

在宝宝出生之前，我们家里曾经准备过一个疾病自医需要用品的单子。在这张单子的夏季部分，第一个就是"ORS"——小儿口服补液盐冲剂。

根据我们的经验，民间说"好汉子经不住三泡屎"，主要是描述腹泻的严重程度。为什么经不住呢，主要还是急性腹泻引起大量水盐丢失，机体电解质和酸碱平衡紊乱，反过来加重发热、腹痛和腹泻症状。所以我们平时给想"自医"的腹泻者的服药建议，是补液（就用ORS）、抗菌（首选喹诺酮类口服）、止痛（首选颠茄制剂），而ORS是放在首位的。

宝宝一般都易发腹泻，送到医院就打吊瓶，很多家长又觉得心疼，都要在家里自己先"应付"一下。在我们的临诊经验中，很多家庭没有注意补液，特别是不知道还有如此简单的ORS可以用。有时，我们能见到腹泻宝宝送到医院里来的时候，已经是中度甚至重度脱水了。如果有ORS，绝不会出现如此严重的情况。

文献精要

通过各种媒介，大家可能都知道，霍乱是一种非常严重的传染病，在几十年前是不治之症、"恐怖之症"（直到现在它依然是法律规定的甲类传染病）。但目前在临床上发现霍乱以后，医护人员并不十分敏感，按照常规原则处理就可以了。

对霍乱态度的转变，首先因为特效抗生素的产生，其次因为霍乱的致死因素——大量腹泻导致脱水、电解质紊乱这个病因，被"迅速补液"这个疗法制服了。所以，上世纪70年代左右，霍乱在没有条件静脉补液的地方流行才容易导致严重后果。

医生们这时会转而采取口服补液法，也就是不经静脉而是经口服用，对抗脱水、电解质紊乱的方法。给患者服用的溶液，就是ORS——口服补液盐（Oral Rehydration Salts）。这个ORS的配方也非常简单，就是葡萄糖、碳酸氢钠、氯化钠和钾盐的混合溶液。

就是这么一个简单的溶液，在没有静脉补液的地区，和大规模暴发腹泻而补液措施不及时的情况下，挽救了大量患者的生命。所以，后来家庭医生们又开始反过来认识这个问题，对一些轻度和中度腹泻，先从口服补液盐用起，效果不明显或持续加重后，再使用静脉补液措施，结果效果良好——不仅节约了费用，也减轻了患者的痛苦，大量轻中度脱水的患者仅靠这个 ORS 就恢复了健康。

也是因为这个原因，ORS 才开始被药厂小包装生产，并投放市场。可惜国内对它的使用比较少，ORS 也就不是药店里的常备药——要不我们买这个药就不会跑那么多家药店而不得了。

ORS 的宝宝使用原则

那么，这个 ORS 怎么用呢？ORS 的推荐用法一般是严重腹泻并伴有显著脱水症状时，小于 5 公斤的宝宝 4 小时内补液 200—400 毫升，5 到 7.9 公斤的宝宝 4 小时内补液 400—600 毫升，4 小时之后再依照医生对脱水情况的诊断再做处理（一般这些就能纠正了，继续喂奶或饮水即可）。如果腹泻严重，应该从小剂量开始，逐步增加——小剂量对腹泻病程影响小，又可以补充部分电解质，当症状减轻后再增加服用量。

但 ORS 的这个推荐剂量是应用于重症的。我们这里说的是自医，一般是不大严重的症状，甚至是没有明显脱水症状，如何应用 ORS 呢？

我们建议——当然具体应参考医生建议——可以在腹泻症状出现，并且连续出现较稀的大便时开始，按照说明书配制补液盐溶液，然后在 2—5 个小时内实验性地给予（体重公斤数 ×75）/4 毫升的液体。这个量是重症时用量的 1/4 至 1/5，而且可以分次少量服用。

如果服用后加上其他治疗措施，腹泻被制止了，那么可以停用 ORS。如果脱水和水样便依旧，请咨询医生。

自医时若发现严重稀便甚至水样便的请注意，ORS 服用不能过少，否则起不到补液的作用。

ORS 中盐（NaCl）的味道比较尖锐，所以宝宝喝下 ORS 的时候，首先尝到的是钠盐的咸味儿，而且溶液本身甜味儿不大，所以很多宝宝可能不大爱喝这个液体。

那么，如何让宝宝把 ORS 喝下去？这个我们也没有办法，相机行事吧。

另外需要提示的是，口服补液的剂量一定要记住。如果宝宝症状不能改善必须就医的时候，一定要向医生说明已经服用了多少ORS，以便医生在补液时酌情增减各种成分的用量。

这里提到了症状较重的急性腹泻，所以最后多啰嗦几句。有的宝宝爸妈可能有一些医学知识，或者会在药店售货员（注意不是药师）的指导下选择一些治疗用药。但有几个问题应当注意：

（1）腹泻时严重不推荐"饥饿疗法"。可能有人这样想，宝宝少吃能够少拉，其实即便不吃不喝，宝宝还照旧会拉水样便。这时食物可以补充能量，在一定程度上纠正酸碱中毒，所以应该正常饮食。

（2）急性腹泻时，吸附剂无效。吸附剂（如高岭土、凹凸棒石、膨润石、活性碳、消胆胺，最常用的是蒙脱石散）可以吸附细菌或病毒，保护肠黏膜，但急性腹泻时没有发现它起作用。

（3）抗蠕动药无效。抗蠕动药物如盐酸洛哌丁胺、复方苯乙哌啶、鸦片酊、樟脑鸦片酊、止痛剂、可待因，这些鸦片类制剂（或类似药物）和其他抗蠕动药物能降低成人产生粪便的频率，但不能减少年幼患儿的粪便形成量。而且，这些抗蠕动药能引起严重的麻痹性肠梗阻，或者中枢镇静作用，严重的可致命。

扩展阅读

看看 ORS 的配方

上文提到过，ORS 最早是推荐于霍乱暴发时使用的，后来才作为腹泻时的常规药物。所以它的配方也有一个历史演进过程，现在的世界卫生组织新配方发布于 2006 年：

新 ORS 溶液配方

成分	浓度（克/升）
NaCl	2.6
无水葡萄糖	13.5
氯化钾	1.5
柠檬酸三钠	2.9

最早的配方里，纠正碱丢失的是碳酸氢钠。它的"口感"非常差，所以现在换成了柠檬酸三钠（有的市售 ORS 写为枸橼酸钠，是一种药），其酸甜味道非常适合宝宝服用。

也许有人会问，如此简单的配方，又那么难买到，是不是自己可以配制啊？我们想是可以，但前提是所用原料必须达到"分析纯"级别，否则是不能入口的。

世界卫生组织还推荐几个简易的 ORS 配方，比如可以给患者服用含盐米汤或含盐酸奶，加盐的菜汤或鸡汤等，含盐量 3g/l 即可。如果有条件，可以同时加入 18g/l 食用糖（蔗糖）。

腹泻为什么要补锌

 我家情况

我家宝宝因为服用了轮状病毒减毒疫苗，秋天和冬天没有发生轮状病毒腹泻（小儿秋冬泻）。所以这一年中，除了对乳糖的不适应，大多是一些稀便的情况，还没有出现过严重的腹泻。

腹泻是低龄宝宝的常见症，我们觉得，宝宝爸妈都应该掌握一些常识，这样自医的时候可以对症处理不致延误或出错，即便送医院，也能给医生提供准确的症状和前期预处理情况，帮助医生正确判断和治疗。

我们觉得，关于腹泻，至少有以下几条应该了解：

（1）及时补水补盐。宝宝的肠道一般较弱，即便是不严重的腹泻，都可能会造成脱水。所以腹泻时及时补充水分，以及盐分非常重要（可以一并采取口服补液盐溶液的方法，详见前节）。

（2）暂不使用抗生素，若的确需要使用请问医生。不使用首先是因为情况不明，如果是病毒性感染，抗生素也无效。而抗生素种类使用不对，或者剂量过大，都可能会破坏肠道的细菌屏障，裂解细菌增加细菌毒素的产生，反而加重腹泻。

（3）正常饮食。如果可能的话，坚持给宝宝正常饮食，只要选择清淡一些的食物即可。过去曾提倡一种饥饿疗法，认为饥饿可以降低肠道负荷，减低腹泻程度，事实证明，这种理论有问题，不可取。

（4）适当补锌。

这4条原则我们有时候也说给有宝宝的同事或朋友听。他们大多对最后一条表示质疑，不是说缺锌和偏食有关吗，怎么腹泻时还要补锌啊？

我们只好回答，抱歉，现在的治疗原则就是这样，世界卫生组织（WHO）推荐的，我们也没做过研究型的实验去论证，我家宝宝1岁之前的腹泻也没给补锌。但这里说的腹泻是比较严重的腹泻，所以补锌这条我们还是要说的。

腹泻病的临床中，世界卫生组织已经推荐对患儿，特别是营养不良的腹泻患儿补充锌剂。世界卫生组织的补充建议中说，补锌可能会纠正肠道对水的转运，改善腹泻症状——也就是说，补锌是一种腹泻的辅助治疗手段。

我家宝宝0—1岁发生的几次腹泻都不算严重，甚至我们也说不上是不是腹泻，有一点儿稀便，并连续几天大便不成形而已。所以我们的应对，主要就是改变饮食，以淀粉类主食为主，柔软和没有肠道刺激的蔬菜为辅，避免高糖、高脂肪、高蛋白食物（奶当然不减），增加一些高纤维素的食物（如水果泥等）。

有两次没有明显效果时，我们给宝宝服用了"八面蒙脱石散"，主要通过物理方法纠正了一下肠道脱水，最终宝宝也就痊愈了。

我们这几次"腹泻"都没有选择补锌，而且宝宝1岁之内我们都没有给她补锌。我们认为，从宝宝的体重、身高、囟门闭合等指标来看，她的发育是正常的。而几次"腹泻"症状都轻微，我们也没有采用WHO的建议。

但WHO这个建议还是非常重要的，已经成为儿科的基本常规。

最后再解释一下这一年里我们为何没有给宝宝补过锌——还是那句话，营养，包括糖蛋白质、脂肪、矿物质、维生素、纤维素等，主要还是来自食物供给为主，专项补充为辅助方法，专项补充量肯定不应该大于食物供给量。而且，是不是需要补应该按照症状来评价，采取不管有没有症状都补的方法也是不对的，什么都不补非要坚持"浑然天成"更不是负责任的态度。

世界卫生组织推荐临床治疗和公共卫生举措涉及到多方利益，所以一直是很谨慎的。但他们明确推荐对腹泻患儿补锌，原文如下：

给患儿补锌 10—14 天（10—20mg/日）。不论使用什么配方，可以采用锌糖浆或者药片。一旦发生腹泻就补锌，可以降低腹泻的病程和严重程度，以及脱水的危险。连续补锌 10—14 天，可以完全补足腹泻期间丢失的锌，而且会降低在 2—3 个月内儿童再次腹泻的危险。

——《腹泻治疗》，世界卫生组织，2005

这个推荐至少包括 3 个重要信息：

（1）补锌属于腹泻的治疗举措，腹泻即补，可缓解症状特别是脱水症状。

（2）需要连补 2 周左右。需要说明一下，WHO 文中推荐的是一个剂量范围，具体情况请遵医嘱。

医学上认为，锌可以影响小肠细胞，导致一些酶类（这里不详指名称）的功能变化，最终导致肠道水转运能力下降，所以锌缺乏可表现为腹泻。补锌可改善症状并辅助纠正脱水，是有临床依据的。

关于缺锌导致腹泻，确实有一些文献支持。举个简单例子：庄平医生 2005 年报告，测定 50 余例患儿的血清总锌和头发锌含量，均显著低于正常儿。

但这里需要明确的是，补锌只能是一种腹泻的辅助治疗手段，完全不能替代对抗细菌病毒等病原体的"清源"治疗和补液补盐的对症治疗。世界卫生组织的这个推荐，也完全是建立在上述措施基础之上（轻症腹泻首选补液补盐而不是抗菌抗毒），补锌不应该单独作为治疗措施使用。

（3）虽然腹泻时补锌是治疗常规，而且缺锌也可能是一些轻症腹泻的原因之一，但不能说缺锌就导致腹泻。现代医学已经进步到分子水平阶段，但引起人类健康问题的头号原因仍是感染，而腹泻就是一类非常典型的感染性疾病。导致腹泻的感染源多是病毒、细菌、螺旋体、真菌，腹泻的治疗原则最主要的还是纠正感染，纠正脱水，而营养性原因毕竟只是腹泻病因里很小的一部分。

看便识健康

我们曾听见初为父母者感叹：小家伙的屎尿怎么这么麻烦啊！大家在一边都笑，有人说，你想想，你们自己小时候不也是这样吗？

于是抱怨者也释然。

看护小宝宝，任务量的 1/3 可能都在尿便的处理上。如果赶上宝宝肚子不好，这个数据可能就变成 2/3 了。这个工作量确实有点儿大，不过，宝宝的这些排泄物，还有鉴识宝宝健康状况的作用呢。如果能够天天仔细观察宝宝的大小便情况，并掌握一点儿观察"要领"，可能会早期发现宝宝的疾病，当然也可以在一些病程中判断宝宝的整体状态，采取相应的治疗举措。

这里说的观察，主要是物理性状的观察。医院进行的化学分析和显微镜检查，需要专门仪器或专门技能。

色

宝宝的尿颜色较浅，特别是 3 个月以下的小宝宝，有的时候几乎如水样。这和宝宝尿液浓缩能力较弱有关。所以如果出现较明显的颜色改变，如白色米汤样（可能为乳糜尿，需要及时就医）、夹带血丝（可能是尿道出血）、出现异常颜色（如绿色，提示可能细菌感染）等需要警惕。

宝宝胎便颜色较深，有时接近黑色，但一般出生后 5 天之内就已经排完。宝宝大便一般呈浅绿色或浅黄色，进入泥糊状食物阶段之后应该为黄色或棕黄色，再见绿色便为异常。

若出现灰白色（可能肠道梗阻或胆道问题）、柏油色且表面有亮泽（可能为消化道出血）、红色且有黏液（可能为菌痢，红色或为新鲜出血），均为异常，应请医生协助诊断。但需要说明，大便颜色受食物影响较大，如食用西瓜（红色），血豆腐（黑色）等，需要积累经验，和异常情况区分开。

味

3 个月以下的小宝宝尿液可能闻不到什么味道，6 个月至 1 岁左右的尿液仍较成人稀，味道也小。宝宝尿液的味道还可能受到食物的影响，食用大蒜、韭菜等食物后会有刺激性味道，这些都属于正常。

大便的味道相对比较重要。我们给宝宝换尿布的时候，如果是大便，宝

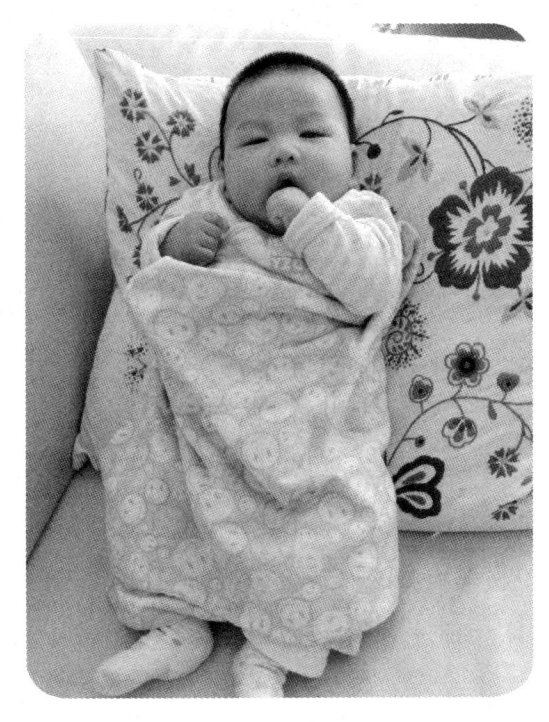

宝爸换完以后经常会评价"嗯，今天的味道不错"，"不大好，消化不好"，"今天的味道……宝宝可能着凉了"……宝宝爸这些判断都是根据大便的性状和味道初步作出的。

大便辨味其实不难。单纯母乳期的宝宝大便几乎没有什么臭味，是一种典型的芳香味儿（多闻几次就知道了）。如果宝宝消化不好，可能会直接出现生奶味（一种消化液和奶液原液混合的味道），或者肠液的味道（一种轻酸腐味）。吃泥糊状食物以后，宝宝结肠内的发酵过程增强，多产生硫化氢等臭味物质，大便比过去臭多了。如果这时出现便味变浅（可能是消化过程缩短，发酵不好，或提示将出现腹泻），生姜味（提示细菌感染，或伴有腹泻）、无味（多见于水样便，蛋花汤样便）、腥味（同时或伴有血及黏液，可能为菌痢），或者特殊的肠液的味道（有时宝宝打嗝也会出现这个味道，提示消化液倒灌入上消化道，可能为积食），都应该引起警惕。

沉淀

新鲜尿液中没有固型物，当然也不会有沉淀物。如果将尿液较长时间放置（超过10分钟），1岁及以上宝宝的尿液中可能会见到一些沉淀物。这些沉淀物如果把尿液盛到透明的容器中更为明显。很多家长看到这个很着急，其实不用担心，这类沉淀大多是正常的，主要是磷酸盐或者尿酸盐沉淀。也许有人会问，我们大人的尿中怎么没见过这种沉淀物？其实是因为现代居住方式改变了排泄习惯，尿液不再放置而是立即排入下水道，大家没机会再见到静置后的沉淀物罢了。

如果沉淀物出现过多过浓，可以在医生指导下，通过多吃水果等方法改变尿液酸碱度，这样沉淀物自然就消失了。

性状

哺乳宝宝的大便应该如泥状，导致大便的性状改变的情况比较多，某些特征性的改变可以提示对应的疾病。比如，如果出现水样的腹泻，而且便中漂浮浅黄色的固体物（专业描述为蛋花汤样），可能提示轮状病毒导致的秋冬季腹泻，带红色鲜血的稀便同时带有组织块或尿液，提示菌痢，大便松散同时有绿色及消化液气味，提示消化不良。糊状大便不能认定为腹泻，但至少提示结肠内发酵不良，若为6个月以下的宝宝出现也可能是对母乳中的乳糖不够耐受。泥状便或稀便中带有淡黄色小球（奶瓣），提示奶液中的脂肪没有消化，可请哺乳的母亲适当减少一些脂肪摄入，服用一些促进消化的药物。若采取了相关措施而奶瓣一直出现，也算是正常情况，只要奶瓣不持续增多，就仍属健康状态。

量

尿量是机体水盐平衡的重要指标。小宝宝的尿都撒在尿布上，所以大约可以用一日排尿多少次来计算。纸尿裤满则更换，所以一天换了几个满尿裤也是个指标。若出现尿量过多，首先应回顾是否饮水过多，再看是否吃了冬瓜等利尿的食物。如持续性多尿且饮水量大，应及时检查（或提示尿崩）。宝宝尿量过少，经常在夏天出汗过多时出现，因为排汗不像排尿一样可以保存盐分，所以大量出汗少尿时应该适量补盐。若因肺炎、严重腹泻时出现少尿，甚至长时间无尿，提示有脱水，应及时请医生诊治。

哎呦，宝宝过敏啦

 **我家情况**

我家宝宝 7 个月大时的一天，突然脸上起了几个红色的斑点，中间有凸起周边有红晕，我们以为是蚊子咬了。可几天里，这种红斑不断出现和消退，我们才意识到，可能是过敏了！

我们到医院，医生给了氧化锌搽剂。我们询问是不是可以给一点儿抗过敏药，医生不置可否，只是说没有小孩子的剂型。后来我们看到熟识的医生，他们才说，抗过敏药 H1 受体拮抗剂一般不推荐给 1 岁以下的宝宝使用。如果我们嫌痊愈慢，可以考虑加一些糖皮质激素的药膏。

后来，宝宝 1 周岁之前还曾多次过敏。很多次过敏都像这次的治疗方法一样，既没有用激素，也没有用特效药物，医生主要给一些外搽剂。

可惜这些外搽剂中有的并没有什么明显的疗效，要痊愈至少需一周的时间，有几次时间还要更长。我们曾想狠狠心就用抗过敏药了，但想想这类药物的副作用，还是算了。

在我们的知识范围内对宝宝容易过敏的情况是有一定心理准备的，但每次的荨麻疹确实不容易消失，抹氧化锌也只是纠正一下局部的机能，让宝宝的红点早一点消退，有时候用了药和没用药也没多大区别。我们倒是不担心宝宝破相，但总是这样过敏似乎也不好吧？

而且，每次的过敏原都不大清楚。我们觉得第一次过敏应该是被蚊子咬了，但后来几次荨麻疹都是比较严重的过敏，过敏原都不是很明确。只有宝宝 11 个月的一次过敏，是因为看花时离得太近了，这是最清楚的一次病因。

教科书告诉我们，宝宝就是爱过敏，而且 70% 的过敏是食物过敏。过敏症状也有轻有重，严重的会导致速发型变态反应，抢救不及时会危及生命。但更多的还是过敏性荨麻疹等比较轻微的症状。

所以，在宝宝 5 个月开始频繁外出的时候（此前外面天气比较冷），我们开始注意避免一些过敏原的接触。比如躲开鲜花（防止吸入过多花粉），不摸青草，暂时不去动物园（回避动物皮毛和动物粪便等），不摸昆虫（蜂类叮咬可能会导致严重的过敏反应），尽量避免被蚊子、牛虻等吸血昆虫叮咬。

食物方面，我们每新添加一种食物都没有忘记观察过敏现象。我们曾偶然和一位熟识的宝宝家长谈起食物过敏这个问题。她说，是不是要避免吃鱼虾及各种海鲜？

我们听了迟疑了一下，想了一下措辞告诉她，鱼虾海鲜容易过敏这是民间的看法，确实有些过敏体质的成人是这样。但宝宝过敏是一个普遍现象，他们"最过敏"的食物有三种：牛奶、鸡蛋和花生，往下依次是大豆、鱼和橘子。

所幸我家宝宝看起来比较坚忍，几乎没有发现过她对什么食物过敏。但我们还是非常小心。牛奶这个没办法，在医院就喝了，也没见到过敏。我们添加鸡蛋黄的时候就严格观察了一下，没有发现过敏症状。至于花生，干脆就不吃呗，宝宝在 10 个月以前我们不给喂花生，连花生酱也不敢碰（花生做成酱也会导致过敏）。

我们还见过一个宝宝，都快 1 岁了脸上还经常起湿疹。这个宝宝的妈妈也抱怨，宝宝的湿疹出得太勤，用药就好，但过不了几天就会再出现。我们好心提示她，可能吃什么食物过敏了。这位宝宝妈反问，医生不是说湿疹不是过敏吗？

我们听了一愣，湿疹不全是过敏，但谁说过婴儿湿疹和过敏无关？我们本想和她说，如果宝宝非常愿意吃某种东西，那么这种东西可能就是致敏原，以后很长一段时间里应该避免食用。很多湿疹特别是反复发作的湿疹，是由于对某一种食物过敏引起的。解决的方法，就是停止吃这种食物。

写这个稿子的时候，我们到论坛上看看关于过敏的话题，发现一位宝宝妈的帖子里说，她发现 9 个月大的宝宝过敏了，马上到药店买来了仙特明给宝宝吃。宝宝很快就好了——我们看到这里感觉脑后有些凉意——仙特明是不错的抗过敏药，这个没错，也是 OTC 药品（非处方药），但仙特明明确规定了适用于 2 岁以上的儿童，不知道这位妈妈是不是自己是医生，就根据情况作了处方判断，还是根据药店里营业员的推荐选择了这个药？我们相信如果是医生，给9个月的宝宝用这个药都会非常慎重的。虽然仙特明说它不容易通过血脑屏障，对中枢的抑制作用较低，但不是说没有抑制啊，如此用药风险难料（下文有详细说明）。如果是出于药店人员的推荐，那么这个药店有问题，对于9个月的宝宝这个药就不是OTC，根本就不应该卖！

所以，我家关于宝宝过敏的问题主要注意以下几点：

（1）出现各种荨麻疹主要采取"姑息"的方法，脱离过敏原，等待自愈，必要时使用氧化锌的外用制剂。

（2）慎重选择H1受体拮抗剂类抗过敏药（苯海拉明、扑尔敏等），1岁之前除非特殊情况，否则不用。

（3）食物过敏主要发生于第一次接触时，所以严密观察宝宝对新加入食谱的食物的反应，特别是花生（酱）、豆类和鱼虾。

（4）如果发现宝宝对某种东西过敏，把它写入宝宝的随身卡片吧（就是记载家长电话、地址等的那个"救命卡"）。

文献精要

我们在这里做一个重点说明，很多东西对宝宝来说都是过敏原，接触了或者食用了，就可能会引起过敏。而且任何一种过敏原导致的过敏都可能会出现严重的全身反应，在非常短的时间内引起窒息死亡。所以对于宝宝过敏最好的治疗是，少接触或者不再接触明确的过敏原——不管这个东西对宝宝有多么重要。

另外，宝宝5岁之前的免疫状态和长大以后很不同，所以，宝宝继续长大过程中是否还在"害怕"这种过敏原，需要慎重分析，不可"一次过敏定终身"。目前比较公认的说法是，婴儿期对花生、坚果和虾的过敏反应可能会伴随终身，其他过敏都会随着年龄的增长而消退。

实际上，过敏不一定是坏事。过敏是人体免疫的一部分，免疫是什么，是清除外来异物保证机体功能和健康的一种组合机能。所有不属于人体的东西都是外来异物，也就是都可能会引起免疫（过敏）反应。过敏主要是由免疫球蛋白E启动的一系列反应。如果是接触性过敏，实际上这个过敏过程是对机体的一种警示，这种东西不适合你，千万不要再深度接触了。而食物过敏除了警示之外，也可能是肠道免疫系统对不适合机体的外来食物的一种清除。

但若过敏引起了较为严重的反应，还是需要治疗的。刚才说过，过敏过程大部分是由免疫球蛋白 E 启动的，最终促使肥大细胞等释放组胺，组胺作用于外周 H1 受体导致过敏症状。

抗过敏的药物主要就是封闭住 H1 受体，不让过敏启动的组胺发生作用。但很多抗过敏药物不仅有"拮抗"外周 H1 受体的作用，还具有脂溶性，可以通过血脑屏障，对中枢的 H1 受体发生作用，加上抗过敏药还有抗胆碱作用，这些中枢神经系统的作用会导致嗜睡、镇静等较为严重的副作用。大家普遍知道的扑尔敏吃了以后会犯困，就是这个原因。

所以本文反复提到，宝宝用抗过敏药物，特别是 1 岁以下的宝宝，应该慎重。因为对于小宝宝而言，是否会发生严重的中枢抑制是不可知的，很少有医生推荐过敏不严重的宝宝服用这类抗过敏剂。

新一代 H1 受体拮抗剂基本上没有中枢抑制副作用，如刚刚提到的仙特明，这些药物应该成为儿童抗过敏的一线药物（2 岁以下儿童除外）。

这样看来，1 岁以下的宝宝就没有治疗抗过敏的方法了吗？

当然不是。除了 H1 受体拮抗剂这种特效药，临床上治疗抗过敏的方法，还可以使用糖皮质激素，以及对症使用相应药物。2009 年世界卫生组织发布了一个全球性的儿童基本药物清单，里面特效的抗过敏药物只有氯苯那敏（扑尔敏）一种，而且明确标明适用于 1 岁以上的儿童。但同类药物中还有地塞米松、肾上腺素（主要用于急救）等。

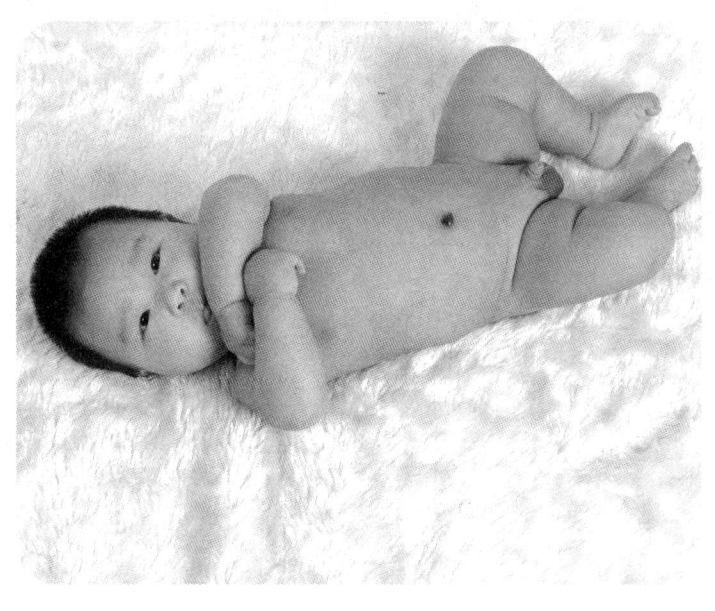

现代科技飞速发展的特点,就是新问题层出不穷。就说过敏这事吧,过去你对花生过敏,只躲开花生就行了(几乎各种涉及花生的食品都会标注,即便是同一生产线生产过的花生产品也会标明),但现在转基因来了,很多转基因作物在转入新的目标基因时,肯定带入了原作物的一些抗原属性,新作物对于过敏的患儿而言,也是过敏原了。

比如有一种巴西坚果的2S抗原,是巴西坚果引起过敏的过敏原。当巴西坚果的基因转入大豆,新的转基因大豆就可能会带上了2S抗原,那么这个新的转基因大豆也会使对巴西坚果过敏的患者过敏。

这也提示我们,现代基因技术使不同物种的抗原性有了变化,新物种如果带有老物种的抗原,就可能会成为新的过敏原。

这应该算是转基因作物的一个"副作用"吧。

扩展阅读

常见的过敏原

(1)食物。这个最常见,上面说过的"三大"是花生(坚果)、鸡蛋蛋白、牛奶,其他常导致过敏的有豆类及豆制品、麦类、鱼、虾,以及苹果、胡萝卜、芹菜、荔枝、草莓、柿子、南瓜等。

(2)疫苗。任何一种疫苗因为加入了免疫佐剂(增强免疫反应的物质),都可能会导致严重的过敏。常见疫苗过敏有麻疹、腮腺炎、黄热病和流感疫苗。

(3)昆虫。特别是膜翅目昆虫。蜂类的毒液引起的过敏有时候会引起全身反应,抢救不及时会致命。

(4)药物。一些抗生素和阿司匹林等抗炎剂(解热镇痛药物)较常见。

(5)运动。有一类患者运动后会出现风团,这种过敏似乎是运动型过敏。

(6)寒冷。常见风团和全身发痒。

(7)乳胶。包括婴儿的各种奶嘴、水嘴及玩具,各种医药用品等。

"万能"的氧化锌

我家情况

我们小时候有个著名的电视广告，患蛔虫、蛲虫病的病人去看大夫，得到的都是一种药，大家疑问，"都是一种药"？那种药可能是肠虫清吧，记不大准了，但电视里几个病人用怀疑和惊讶的表情说出"都是一种药"的语调，一直留在记忆里。

说实话，我们没想到，当宝宝出生以后，也碰到这种"都是一种药"的情况。

我们虽然都是医学专业，但各科的术业有专攻。有了宝宝以后，我们开始和很多过去不常见、不常用的处方药物开始打交道了。比如，宝宝屁股有点发红，要用护臀膏。看看说明书标示的主要成分，第一个就是氧化锌。

夏天的时候，因为屋里基本没有蚊子，所以没给宝宝准备蚊帐。可7月的某天早上，宝宝脸上突然多了3、4个红点，如小米粒大小，边缘不规则，周围还有蚕豆粒大小的红晕圈——心下后悔，宝宝中招了吧，可能是被蚊子咬了。

于是准备蚊帐、杀虫剂，晚上彻彻底底杀了一次蚊子——可惜一只蚊子也没发现。可是第二天，宝宝脸上的红点还在增加！到第三天，很多第一天起的红点都成了大红片了，有的红片中心出现了白色针尖大小的水疱。我们意识到肯定不是蚊子咬的，于是去请一位皮肤科的硕士医生看看。

她只扫了一眼，就说，没事，丘疹样荨麻疹，抹点儿药吧。她开的还是氧化锌——洗剂。

怎么总是氧化锌呢？这是个"万能药"吗？

文献精要

不知怎么的，感觉互联网论坛上对属于专业药品或者婴幼儿护理剂的护臀膏比较排斥，很多人都说："别用，有副作用的。"也有人发帖专业一些，告诉大家护臀膏的主要成分是氧化锌,"这是化学制剂,对宝宝肯定有毒副作用"。

这里有一点需要说明,宝宝"红屁股"多为尿布疹。尿布疹的发生原因,现在的普遍解释是,宝宝尿液中的尿素留在皮肤上,被皮肤上的细菌分解产氨,氨刺激皮肤导致的红疹。而不像民间解释的是被尿"闷"或"蒸"出来的。所以,尿布疹最理想的预防方法(当然不是最实用的啊),应该是保持宝宝皮肤的清洁,尿后擦洗,不留下尿素,细菌就无从产氨了。

有了尿布疹,一定要抓紧治疗。而临床对尿布疹的治疗首选药,就是氧化锌——这也是为什么大量护臀产品主要成分均为氧化锌的原因。

氧化锌安全吗?

氧化锌是什么,真的像论坛上说的那样有毒吗?氧化锌俗称锌白,是锌的一种氧化物,难溶于水,主要以白色粉末或红锌矿石的形式存在,本身是无毒的。

有文献记载,氧化锌的急性毒性剂量为"LD50:7950mg/kg"(小鼠经口)。我们不解释 LD50 这个专业的术语了,反正 7950 mg/kg 这个数据是非常大的,可以理解为对人体"无毒"。目前能见到的有毒记载,主要是氧化锌吸入和大量氧化锌粉末皮肤接触对人体有害。

另一个证明是,氧化锌几乎是皮肤科应用最为广泛的药品之一。"鱼肝油氧化锌"、"复方氧化锌软膏"、"益康唑氧化锌软膏"等等,都是非常常见的临床外用药。所以,氧化锌作为皮肤科一线临床用药,其低毒高效是有保证的。另外,上文有文献已经提及,氧化锌是保健食品中锌元素的添加物,它也是防晒霜的主要成分。不知道网友"对宝宝肯定有毒副作用"的说法从何而来,是不是可以提供研究文献依据。

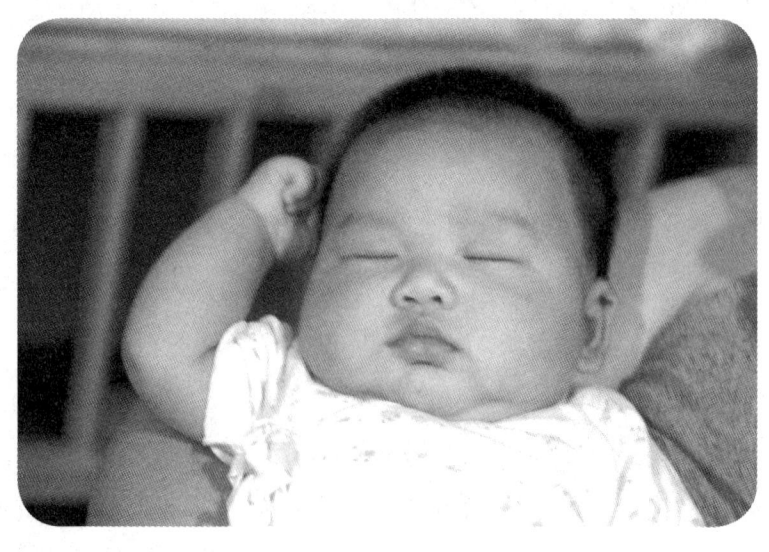

这里我们想说的是，希望大家不要一看到化学药品，就想到毒副反应，而一看到生物（植物）药品——这里主要说的是中药——就认为安全无毒。很多化学药品已经过数十亿人次千余年的使用，最关键的是，它的使用大多经过严格控制实验条件的临床实验。而且，氧化锌还是中药的主要皮肤用药"炉甘石"的主要成分之一，这也算是殊途同归吧。

我们用氧化锌"万能"这样说法，有些夸大和吸引眼球的成分。准确的说法是，氧化锌是皮肤科的一线外用药，可用于多种皮肤病的治疗和辅助治疗。当然，氧化锌和1岁以内的宝宝也是很有"缘"的。

首先，氧化锌是护臀产品的主要成分。宝宝"红屁股"使用含氧化锌成分的护臀膏一般都可以立竿见影，适量涂抹后在短期内就可以恢复。氧化锌护臀产品价格低廉，而且预防和治疗作用兼具，是一款很实用的"百姓产品"。

根据我们自己的使用经验，油性护臀膏对已经发红的皮肤治疗作用较慢，其原理似乎也更侧重于预防。

其次，宝宝常用的痱子粉里，很多也含有氧化锌。氧化锌在这里发挥的主要是收涩、止痒、抗菌的功效。比如我们看到很多痱子粉的配方都是含氧化锌的，只是未标出含量。

互联网论坛上大家比较推崇植物精华的痱子粉，我们看到其中一款的成分标注为：芦荟精华、茶树油、天然维生素E、绵羊脂、熏衣草。看起来成分也很复杂，但似乎缺乏类似氧化锌这样"专业"的皮肤保护成分。

氧化锌另一个非常重要的作用，是治疗"荨麻疹"。本文开头说到了我家宝宝的丘疹荨麻疹。关于这个病，就不专文细说了，下面引用《儿科皮肤学》中的小段论述：

> 丘疹样荨麻疹是一种好发于婴儿及儿童的瘙痒性皮肤病。皮损常为圆形或梭形之风疹块样损害，顶端可有针头到豆大之水疱。常见于蚊虫叮咬后，散在或成簇分布。好发于四肢两侧、躯干及臀部。一般经过数天到1周余皮损可自行消退。

需要指出的是，并不是所有的丘疹荨麻疹都是蚊虫叮咬导致的。我家宝宝10个月之前发生过3次，第一次几乎肯定是蚊虫，第二次原因不明，第三次肯定是因为赏花时离得太近，对植物成分过敏了。

丘疹荨麻疹的治疗以抗过敏和外用搽剂（氧化锌）为主。因为1岁之内的宝宝原则上禁用抗过敏制剂，所以皮科医生只给开了氧化锌洗剂。这算是一种被动治疗，只对症治疗丘疹，而对于引起丘疹的过敏状态，是等待宝宝"自愈"的。

最后，氧化锌外用对宝宝湿疹也算是良药。

我们日常的临床工作中，经常有一个"一线药"的说法。"一线"，就是指在先、第一推荐的意思，"一线药"就是首选药，只要有类似的适应症，我们为患者开处方，都是先选"一线药"，如果有特殊鉴别症状或禁忌，我们再依次考虑其他用药。

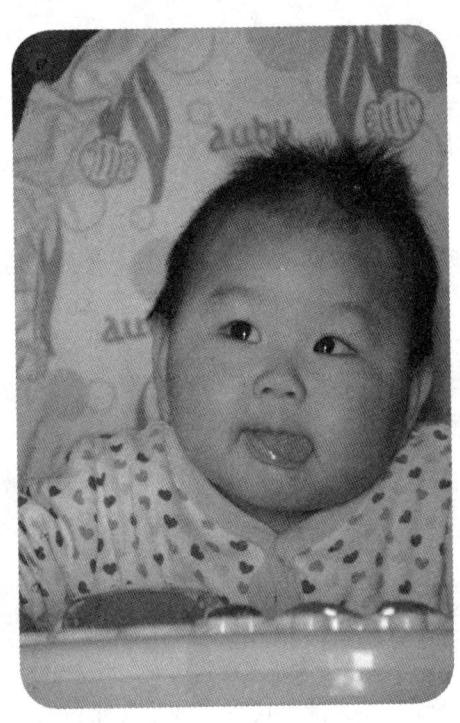

一种药品要成为"一线药"，从医生的视角看，首先要疗效好且"广谱"，对大多数同类疾病有效，甚至一种药能医多种病。其次是安全，这个安全不仅要被大样本的临床实验证实，还要在亿万人次的使用中总结和检讨经验教训，最好是不良反应报告率非常低。

最后一个特性，这种药最好价格低廉。

如果用这套"一线药"框架去套，氧化锌无疑是合适的。仅氧化锌对宝宝屁股的保护作用，和对过敏性荨麻疹的辅助治疗作用，它就是不折不扣的"一线药"、好药了。

故，推荐之。

啰嗦一句，使用时最好遵医嘱。

第一次发烧：不能不知道的幼儿急疹

 我家情况

由于是母乳喂养，6个月之前我家宝宝没得什么病（如果轻度腹泻不算的话），也没什么不舒服的征兆。不过经典教材上都说，6个月以后妈妈的母乳成分将出现变化，宝宝自身的免疫力也在构建，也就是这时，宝宝的身体正好处在易患疾病的窗口期。

我们原先以为，如果能把宝宝护理好，不要冻着热着，不吃生冷变质的食物，宝宝就不会生病了。现在回头再看这件事，觉得，希望总是美好的，但现实就是现实，有时候也显得有点残酷。

我们在宝宝7个月的时候经历了宝宝第一次发烧。本来是应该6个月之前就打完的百白破疫苗，由于宝宝吃泥糊状食物后出现了腹泻，就拖到了这个月。早上打完了疫苗，宝宝精神很好，但下午摸着体温就有些高了。到了晚上，很明显的，宝宝发烧了！

经过物理降温没有实际效果，我们只好带宝宝去了医院。医生听说是百白破，轻轻地笑一下，开了退烧针。我知道她在笑什么，百白破这个疫苗非常容易引起发烧，特别是已经自建免疫力的宝宝——最让人不能理解的是，这个疫苗竟然用了多年（参见百白破疫苗一节）！

宝宝这是第一次打退烧针！可是不打也不行了，体温将近40℃，也不是闹着玩儿的。

好在打了针，烧平稳地退去，第二天一早宝宝看起来又精神饱满了——总算还不严重，谢天谢地。

这就是宝宝的第一次发烧。之所以把这次说得这么详细，是因为接下来在宝宝8个月的时候，又出现了一次发烧，而且得的也是俗称"第一次发烧"的病。

这次也许是宝宝夜里冻着了，也许是头几天带宝宝去看一个封闭的展览受了传染，反正一早起的时候宝宝就明显有点儿发烧了。到晚上的时候，体温又蹿到了39℃以上，而且数次使用口服退热药，都只能管用2个多小时，药劲儿一过继续发烧。

再去医院，医生给做了血常规检查，说，根据经验，她一两天之内就会退烧——我心想，一两天之内不退烧就麻烦了——医生接着问，宝宝是第一次发烧吧。我们说，打百白破疫苗的时候还烧过一次。医生看了看病历本，没有说话，想了想继续说，根据我的经验，退烧以后孩子会满身起红疹，几天之后红疹就可以消退。

哦，这样啊，我们应着，突然想起——第一次发烧，红疹……难道，宝宝是中了"急疹"的招儿了？

医生看我们想起来了，笑了笑没有说话。好吧，我们这下也放心多了，毕竟急疹是一种不大严重的自限性疾病，总比是呼吸道感染甚至肺炎强得多了。

于是，宝宝再次打了退烧针，回到家里还是断断续续烧了2天，不过体温没有那么高了。到第4天，宝宝不再发烧，精神也好多了。这时，从宝宝的脖子、脸、手背等部位开始，慢慢有针尖大小的红色疹子出现了——这时候，宝宝其他方面都已经和平常无异了。

再过3天，疹子消退，宝宝脸上身上光滑如丝，没有留下任何痕迹！

这就是那种早就听闻其大名的被称为"宝宝第一次发烧"的疾病——幼儿急疹。这种病往往有高热，持续几天以后"热退疹出"，一般没有什么并发症，属于可以自愈的"自限性"疾病。而且患病以后大多有终身免疫力。这种病的发病很广泛，得过的家长知道它不重，一般都不拿它当回事，没得过的宝宝家长大约又对其一无所知。

我们觉得，对于这个宝宝的"第一次"，宝宝爸妈们还是提早知道的好！

 文献精要和临床治疗原则

幼儿急疹多发生于6个月至2岁之间，其中6个月至1岁的宝宝发病率最高，是由人类疱疹病毒6、7型等病原引起的症状相似的疾病的合称。病毒疾病都有一些共同的特点，比如可能会导致较严重的发热，有特定部位的肌肉疼痛，出现血尿，白细胞计数不增高甚至出现降低等症状。但急疹没有如此严重，除了发热会超过39℃之外，其他严重情况都比较少见。

《实用儿科学》记载了幼儿急疹的主要表现：

（1）单纯以高热、皮疹为特点，多发生于春秋季，患儿无性别差异。

（2）发热一般1—5天，体温多达到39℃，甚至更高。

（3）热退疹出。皮疹为红色斑丘疹，面部和躯干都有分布，一般持续3—4天。少数宝宝软颚有特征性的红斑。

（4）白细胞计数明显减少，淋巴细胞分类增高。

从宝宝爸妈的角度看，如果发现宝宝在没有明确的其他诱因时突然出现发热症状，比如没有感冒、肠炎等诱因便出现发热，并且体温较高稽留不退，或者少量伴随咳嗽、前囟门隆起、腹泻等症，就应该考虑是急疹了。

特别是第一次发烧这个特性，如果宝宝既有上述特点，又是6个月以后第一次发热，应该考虑是急疹。

需要说明的是，虽然急疹是一种自限性疾病，但并不是说它不需要医生处理。由于出疹类疾病较多，儿科医生还是需要和麻疹、风疹、细菌性红疹等疾病进行鉴别。如果不具备就医条件，"热退疹出"是一种非常好的鉴别点，其他出疹疾病多是高热中出疹，只有急疹常见热退疹出。

宝宝出现急疹时，爸妈应该做好护理工作。

首先是发热护理。急疹的发热体温高，持续时间比较长，需要随时注意降温。可以口服解热药，或肌肉注射解热和预防惊厥的药物。需要注意的是，宝宝患急疹时一般都还小，很多家长以为是感冒就给宝宝穿、盖很多衣物，这是不正确的方法。捂得太厚，宝宝不能散热，反而会发生高热惊厥。

物理降温可以采取温水擦洗耳后、颈部、腘窝、腹股沟两侧或躯干等部位，不可用凉水，不要用酒精浴。

其次是出疹后护理。如果宝宝月龄比较小，动作发育还不完全，不会用手去抓出疹部位。但如果宝宝已经大了，要严格注意护理，即便不痒也要防止宝宝抓挠，必要时给宝宝戴上手套。

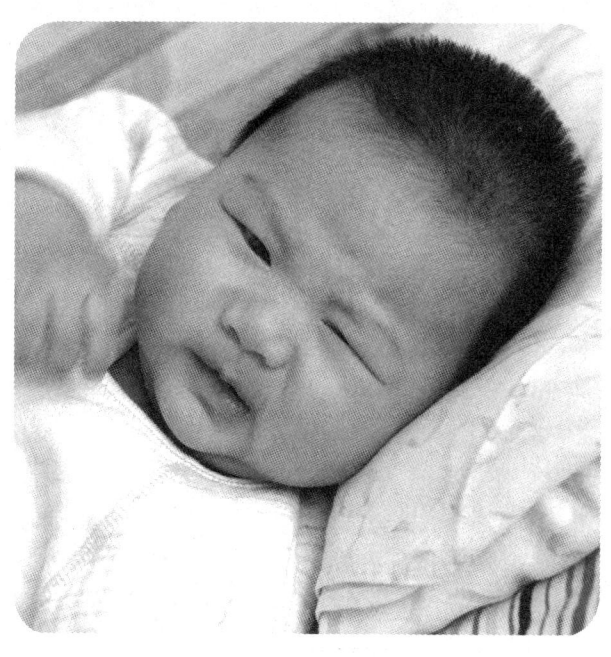

最后，给宝宝正常饮食。因为宝宝发热时要消耗掉比平时多的能量，所以更应该及时补充。

需要指出的是，医生们都说宝宝得一次急疹就有终生免疫，宝宝就不会再得急疹。实际上急疹最常见的病原是人类疱疹病毒6，患病之后只是对疱疹病毒6有持久免疫，若是疱疹病毒7或者其他出疹病毒感染，依然可以再发生幼儿急疹。

关于幼儿急疹，我们还听到过邻居的一个说法，说急疹发烧的时候只能退热，而不能"消炎"，否则病菌半路给挡回去了，最终不出疹，宝宝就不能获得免疫力。后来我们特意从侧面问了几个家长，发现这个认识在患过急疹的宝宝爸妈中还非常普遍。

这个说法肯定是错误的，急疹是病毒病，而不是细菌疾病，谈不到消炎的问题。病毒由于其结构简单，致病也都有严格的病程，即便采用抗病毒制剂，最后还是要出疹的，只不过出疹可能会轻一些（也有少数疱疹病毒6感染后只发热不出疹，这是特殊情况），而且这时也能够获得免疫力。所以确定是急疹后可以服用一些抗病毒药物，但普通抗生素或"清热解毒"一类的口服液无效，无需服用。

顺便说一句，宝宝小时候有发热疾病时可能常见出疹，而出疹的护理可以参考幼儿急疹的护理法。

夜惊，惊着了谁？

 **我家情况**

我们学医的时候老师几乎都表达过一个意思：现在学习这种病的时候，你们肯定印象不深。等见过真实的特别是典型病例后，你们想忘也忘不了。我们现在想给加上一句：如果这病在自己身上出现以后，那肯定是刻骨铭心！

本来这是我家宝宝14个月开始才出现的问题，但我们对它的印象实在深刻，而且有文献报告，仅上海地区5岁儿童中它的发生率约为10%，看起来是一个普遍现象，所以就超纲一次，把14个月时候的事情也写进来了。

从宝宝大约1周岁学会走路开始，本来睡眠很好的宝宝夜里反倒睡不安稳了，经常会醒几次，还会哭闹，要求吃奶。反复1个月左右，我们觉得问题在加重。有的时候宝宝睡着睡着就开始哭，立即坐起，大哭。抱起来以后，她全然不顾我们的安慰，一个劲儿地大哭，手还自顾做动作，也不看我们，似乎在寻找什么。如果按照她指的方向走，她也不依，又指着新的方向大哭。

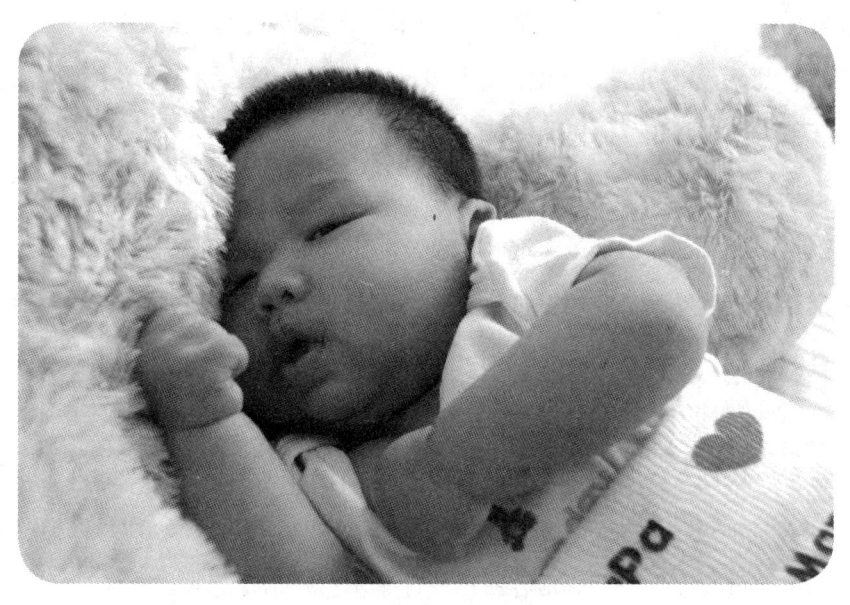

虽然经过反复安慰，但我们总觉得她是哭累了，才会逐渐停下来，总的来看和我们的安慰没有什么关系。

而且，接下来宝宝的入睡也非常不好，睡好了突然动几下又醒来，反复安慰3、4次才能沉沉睡去。这可令我们大伤脑筋，也大大伤心——宝宝过去无论如何哭闹，都是我们一安慰就好了，这次哭闹时对我们视若无物，难道她不再喜欢我们了？

可是白天宝宝"说话"（前言语）、跑、走、笑、吃饭都非常正常，没有什么异样啊。白天的时候我们问宝宝，宝宝你晚上是不是梦到了害怕的事情了？你在想什么啊，谁吓唬你了？宝宝这时已经能听到我们大部分的语言指令了，我们说的话很多她也懂。但问这个的时候，她只是忽闪着眼睛看着我们，似乎没听懂，似乎听懂了，有时候还咧开嘴、眯着眼睛对我们笑笑，最终什么表示也没有。

这到底是怎么一回事啊？

有老人告诉我们这是宝宝吓着了，需要有巫术"捧一捧""魂儿"。虽然我们见过不少巫术治病的情况，也似乎有效果，但我们的宝宝这样可看不出来什么巫蛊的问题，我们宁可相信就是宝宝运动多了，出去的地方远了，看的东西多了而导致夜梦太多，也不愿意相信这个巫术。

还是现抱佛脚吧，看书找答案。各种儿科医书不记载睡眠障碍（大概医生们觉得宝宝都能睡得香吧），又去找心理和生理的书。最后，我们觉得非常像一种睡眠障碍："夜惊"。

宝宝妈学过儿科学，对这个还有些印象——老师是把它归入严重睡眠障碍的啊，好像还和梦游有关……我们不敢怠慢，咨询了资深儿科医生。医生电话里听我们详细描述了症状，几乎没有问别的便说，你们这个症状并不重，从专业角度看可能是，也可能不是。因为还有盗汗，你们先补钙试试。

放下电话，我们还是有些不放心——我们一直在给宝宝补钙啊？最终我们按照儿科医生的嘱咐，加大了补钙剂量，这种"夜惊"出现的少了一些，宝宝睡得也好些了。

后来宝宝爸突然发现，我们一直注意补钙而疏于补充"鱼肝油"（维生素AD合剂），原来这是补钙时的一个严重错误（当时我们以为钙冲剂里有维生素D_3的，鱼肝油就吃得稀松了），立即纠正。随后宝宝的盗汗消失了，睡眠也好了很多，"夜惊"没再出现。

虽然这个"夜惊"没有得到确诊，但参考诊断标准（见本节扩展阅读），看起来至少有点儿像。只不过我们碰到的这个原因是缺钙，症状较为轻微。若真碰到神经因素的，发作还要严重很多，而且非常容易出现迁延不愈，治疗起来也非常麻烦。

我们讲这个实例其实也是想说明，不是宝宝所有的睡眠问题都可以用哄睡和控制哭闹的"脱敏"方法来解决的。当出现较为异常的情况时，要考虑器质性问题，并请医生诊断。

 文献精要

确切而言，夜惊不是一个小婴儿容易出现的问题。在临床归类上，夜惊属于"觉醒性异态睡眠"。

刘智胜著《儿童心理行为障碍》中详细描述了这个睡眠异常。一般而言，人的睡眠分为两种，非快速眼动睡眠和快速眼动睡眠（这个期内容易做梦）。整个睡眠周期内，先是非快速眼动睡眠，然后进入快速眼动睡眠，这两个周期交替出现。一般一次夜眠这种交替会出现4—5次。

非快速眼动睡眠又有4个分期，随着睡眠由浅入深，依次是1—4期。第1期是浅睡眠，第2期是中度睡眠，第3、4期为深度睡眠。婴儿在第3、4期交替至其他睡眠周期时，可以转向第1期而进入下一个睡眠周期，可以持续觉醒，最终睡眠醒来，而大家最不愿意看到的一种转向，就是不能从深睡眠中完全出来进入下一个睡眠周期，也不能完全清醒，最终呈现部分觉醒状态。这种部分觉醒，可以导致梦游、觉醒紊乱，也可以出现本文讨论的话题，夜惊。

也许这段论述太过于艰涩了，不过没关系，弄不明白夜惊发生的阶段，并不影响我们记住如何治疗。其实夜惊这个事情，可以简单地理解为宝宝在不该醒来的时候醒来了，又醒不完全，最终醒"乱"了。

一位儿科专业的医生告诉我们，毫不夸张地讲，典型的儿童夜惊是父母们的噩梦。《儿童心理行为障碍》记载：

> 夜惊多发生于入睡后半小时至2小时内……发生是突然的。儿童在睡眠中猛然惊起，一声令人毛骨悚然的尖叫常使父母惊醒，他们发现孩子持续地哭喊，手足乱动，眼睛圆睁，有明显的呼吸急促、心跳加速、瞳孔扩大、皮肤潮红、肌张力增高、出汗等自主神经兴奋症状，面部表情十分惊恐……

有的文献报告，夜惊在儿童中的发生率大约是3%，多见于男孩，有家族史。而国

内有报告，重庆市有调查显示，0—5岁儿童睡眠障碍发生率为25.7%，其中夜惊最为多见，发生率为10%。

不管是3%还是10%，都提示夜惊不是一个可以忽略的问题，而是实实在在地在我们身边存在。也有文献报告，夜惊在少数边远地区被当做"撞山神"等神鬼信仰的异常，使用神术、巫术治疗而延误病情。

那么，这个严重的睡眠障碍，应该如何治疗呢？

上海交大附属儿童医院的马骏医生2008年报告了40个病例的研究情况，提出对夜惊患儿的一般矫治主要是控制环境中的诱发因素。比如由父母努力解除患儿导致紧张压力的因素，保证充足睡眠，建立睡眠节律，尽量使患儿身心放松等等。在夜惊发作时，推荐不唤醒患儿，父母只是在一边提供保护，避免意外伤害等。

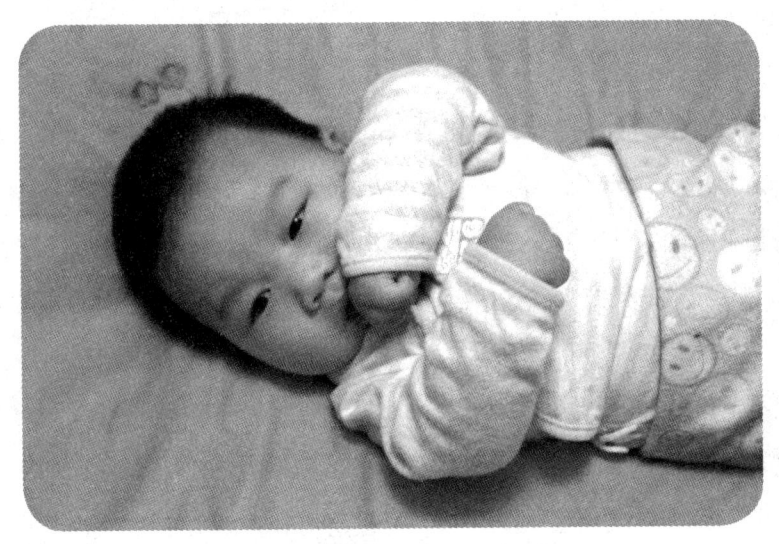

最具有治疗作用的方法，是总结患儿夜惊发生的规律，在每夜预计夜惊发作前15分钟努力唤醒患儿。这样就可能把夜惊"拖"过去。马骏医生报告，使用这种"计划唤醒"的治疗方式，40例病例中45%痊愈。

由于夜惊的发生因素还不是十分清楚，而且确实有少部分患儿经过各种处理而不能产生疗效，夜惊会伴随至少年期甚至成年期。所以国外有药物治疗的报告，L-5羟色氨酸和帕罗西汀都有一定的疗效。

在睡眠学科的范畴里，是将夜惊和梦游列在严重的觉醒性异态睡眠之中的。所以，不论什么情况，只要宝宝出现了类似夜惊的情况，而且持续无缓解，宝宝爸妈都应该请专科医生诊治。

至于入睡困难、打鼾、磨牙、口式呼吸、入睡过早等睡眠障碍，出现频率并不会比夜惊更高，并且这些较为轻微的障碍，大多可以通过各种"对症"的自医疗法缓解。

扩展阅读

夜惊的诊断标准

依照国际睡眠障碍的分型（ICSD），夜惊的诊断标准如下：

（1）反复发作的在一声惊恐尖叫后从睡眠中醒来，不能与环境保持适当接触，并伴有强烈的焦虑、躯体运动及自主神经功能亢进（如心动过速、呼吸急促及出汗等），约持续1—10分钟，通常发生在睡眠初三分之一阶段。

（2）对别人试图干涉夜惊发作的活动相对缺乏反应，若干涉几乎总是出现至少几分钟的定向障碍和持续动作。

（3）事后遗忘，即使能回忆，也极有限。

（4）排除器质性疾病（如痴呆、脑瘤、癫痫等）导致的继发性夜惊发作，也需要排除热性惊厥。

肺炎是"捂"出来的吗？

 我家情况

我家宝宝出生于数九寒冬，好在现在的暖气好，室温都能控制在20℃左右，宝宝从住院到回家，到迎来温暖的春天，基本没有冻着。一般在室温18℃左右的时候，宝宝"穿"3层，第一层是小"和尚服"，第二层是襁褓，最外面是小毯子或小棉被，室温如果能高于20度，单裹着襁褓就可以了。如果是晴天，我们还会打开襁褓，让宝宝穿着小衣服晒晒太阳——宝宝这时候还是很慵懒的表情，一般左臂斜向上抬，手弯过来手心向下，就像一个"高吊手"的姿势，右手横在胸前，两腿自然弯曲。呵呵，乍一看，简直就是一个南戏中的舞台动作——这宝宝太有艺术细胞了吧？宝宝爸这时喜欢笑着说，宝宝，你这唱的是哪一出啊？

我们当然知道，这只是宝宝的自然动作之一——但宝宝不会说话，我们开她几句玩笑，她也不会反驳。

但老人告诉我们，我们给宝宝"捂"得太厚了，宝宝爸小的时候，屋子里冬天只有几摄氏度，宝宝爸只裹着一层棉被，两只胳膊还只穿着单衣露在外面。老人说，不要"捂"，否则宝宝容易得肺炎，那可就坏了。

我们理解老人的担心，也认同他们在条件困难的时候养育婴儿的方式，但我们不认同"捂"就会得肺炎的说法。

说实话，我们也不知道宝宝应该穿多少衣服，盖多少被子。我们曾见过有个宝宝，自己穿了两层衣服，外面还裹了两层被子、一层毯子——这个就有点儿过了，过度地包裹可能会限制本来就非常柔弱的宝宝的胸廓运动，造成宝宝窒息，过度地捂盖也可能会造成宝宝散热不良，在没有发烧的情况下发生惊厥（当然这是极个别案例）。

我们决定给宝宝穿多穿少的唯一标准，是看宝宝的体温。因为宝宝还非常小，体热保留能力非常弱，如果盖得不足，宝宝失热，体温会下降，反之，体温会保持在理想的状态，同时会有出汗、面部潮红等热的表现。

所以宝宝出生后前两个月，我们都是凭手感看宝宝体温，来决定宝宝穿什么盖什么的。当然，如果害怕手感不准确，可以采用体温计，只要腋表体温能够达到36.5℃—37℃即可。

老人们认为孩子怕捂，确实有一定道理。婴儿体温本来就较高，如果一味捂着不利于散热，在天气较热的时候，还会导致宝宝中暑。

无独有偶，在海外育儿的朋友对我们说，中国喜欢把宝宝裹起来，但美国不一样，就给宝宝穿一身衣服，再包一点东西就行了。如果是换尿布，护士的操作极慢，宝宝就那么光着身子晾很久，而室温也不过是20℃左右。他们说，本来以为人家的孩子身体好，晾着没事，结果咱们生的孩子人家也这样弄，一样也没事！

关于这件事，有资深的中医师对我们分析说，美国育儿的方法是"凉"性的，这样训练出的宝宝喜凉，不怕冷，可吃冷饭，喝冷水。咱们的育儿法是"热"性的，宝宝喜温，要终生喝热水、吃热饭——不知道他说的有什么实证的依据，但从表面现象来看，的确是这样。

我们刚刚说了，老人们认为孩子不能过度地捂，是有道理的。但是，认为肺炎是捂出来的就缺乏证据了。他们是这么个逻辑：越捂着宝宝越怕风，而着了"风"则会导致肺炎。

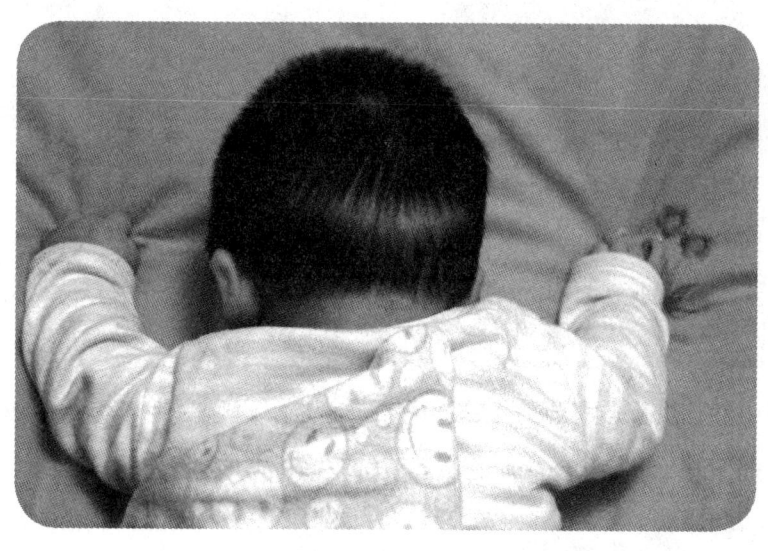

现代医学早已证实，肺炎是感染，一般由细菌、病毒、真菌、寄生虫等导致，而不是传统认为的"风"或"风邪"。那么，肺炎的主要原因就是感染，病原体可能早已存在于环境中，或者通过呼吸道进入宝宝体内，在宝宝免疫力不好时就能引起疾病。

所以，要防止宝宝发生肺炎，首先应该保持环境清洁，宝宝的房间要勤通风，宝宝自身保持基本的卫生。其次，襁褓不要捆得过紧，或捂得太厚，过紧与过厚都会影响宝宝胸廓的扩张，引起上呼吸道、支气管或肺的感染。

从我家宝宝出生到春天到来，4个月里我们给她盖得、包得也不算少，家里的集中供热停止以后，还多裹了几天棉被呢。也许在老人看来，和他们当年相比，这就是"捂"了。如果这算"捂"的话，我们可以负责任地说，肯定不会导致肺炎。宝宝6个月之前没有得什么病，只有一次凉着了有点儿呕吐。6个月之后到本文写作时，也没有出现任何肺炎的症状。

所以，既然我们的传统的育儿法是"热"性的，那就要保证宝宝的体温在一个可接受的水平，这样宝宝舒服，大人也省心——只要能保证宝宝的身体机能处于良性的状态，就能远离肺炎，远离疾病。

文献精要

肺炎是小婴儿头号的致死疾病，肺炎占5岁以下小儿死亡总数的1/3—1/4，所以肺炎的严重程度丝毫不容忽视。由于肺炎是一种必须就医的较重病症，这里略谈一下有关的知识。

（1）肺炎的病因中，病毒导致的占32%，细菌导致的占25%。最常见的致病体依次为呼吸道合胞病毒、肺炎链球菌、流感嗜血杆菌。

（2）儿科常见的肺炎为小叶性肺炎（支气管肺炎）。

（3）病毒引起的小叶性肺炎多为间质性支气管肺炎。

（4）C反应蛋白为鉴别细菌性和病毒性肺炎的实验指标，细菌性时升高而病毒性时多不高。

（5）细菌性肺炎首选用药为青霉素或头孢菌素，病毒性肺炎不适用抗生素，可使用抗病毒制剂，以及干扰素、聚肌胞注射液（刺激机体产生干扰素）、左旋咪唑（提升免疫力）等药物。

（6）婴儿不推荐使用镇咳药，其中镇止咳成分对宝宝中枢神经有影响。

（7）若感冒（上呼吸道感染）见咳嗽并带痰，至少已经提示支气管炎。

（8）大叶性肺炎主要见于较大儿童，近年来典型的大叶性肺炎已很少见。

（9）若患儿经常出现肺炎，应该详细检查是否有隐匿病灶——有，则提示慢性肺炎。

（10）肺炎的基本护理为：环境需安静、整洁，保证宝宝精神愉快，保证宝宝足够的休息。室内通风换气，饮食应保证足够量，同时应补充钙剂。

（11）肺炎链球菌可以通过疫苗预防，鉴于细菌型别（群）不同，疫苗不是对所有肺炎链球菌均有预防效果。

（12）呼吸道合胞病毒是我国婴幼儿，特别是1岁以下婴儿肺炎的最常见病原，男婴重症较多见。

（13）呼吸道合胞病毒、肺炎链球菌等导致的肺炎具有一定传染和暴发流行的特点。在肺炎流行时，由于病原确诊需要时间，故无法选择注射疫苗，应帮助宝宝锻炼身体，增强体质，并减少公共活动。

上帝的礼物

人们一般把生命形容做上帝的礼物。如果这个礼物有些瑕疵呢，当然也是礼物，而且是非常好的不可替代的礼物。

所以，也有人用这个词来形容先天的一些畸形。

我家宝宝身上，也带了一个额外的"上帝的礼物"。宝宝刚出生的时候，从产房抱出来就是睁着眼睛的，而且眼睛很大，也很有神，把第一眼瞅见宝宝的爸爸吓了一跳（宝宝爸过去是见过很多初产儿的，这次"状态"失常了），最后把护士报给他的宝宝的体重忘得一干二净，被大家笑话了好久。

不过，等宝宝从新生儿科下到病房以后，宝宝爸还是履行了严格的检查程序，对宝宝的手脚检查了一遍。哪里有胎记也都记下了。检查快完的时候，宝宝爸发现，宝宝的右耳廓前侧，有一个小小的斑点——这东西宝宝爸可不陌生，靠近了仔细看，没错，是一个耳前瘘。

如果非要把和别人不同的地方都当做畸形的话，那么耳前瘘也算得上是一个畸形。宝宝妈知道这个小畸形以后，第一件事就是努力回忆双方家族谁有这个遗传，虽然她还记得耳鼻喉科课上说过，耳前瘘是发育畸形。

老人们看过这个以后，都说这是"仓眼儿"，有福的。宝宝爸听了也没觉得高兴，我们都知道这个可能会引起的问题——至少这个部位是容易感染的。

如果真的把它当做我家宝宝一起带来的上帝的礼物的话，这也是一份小的不能再小的礼物。《实用儿科学》仅用了150字记述这个畸形。

一般医学书，大病常见病的文本都是洋洋洒洒上万字，100多字的一个畸形，可以想象其"简单"程度。

不过，并不是说这个"礼物"就不会发作。宝宝10个月的一天，宝宝吃奶时突然发现耳前瘘留出了液体——而且还略带绿色。没办法，去医院吧。

耳鼻喉科的一位医生告诉我们，这个耳前瘘基本没有办法，流水就擦吧——我家宝宝还是他见过的耳前瘘有液体排出的年龄最小的患者。只有继续观察了，如果反复感染，我们肯定会选择把这个"礼物"拿掉。

这些上帝的礼物，可能就是这样，不管你愿意不愿意，他们已经和宝宝一起来了。接受它，把它作为宝宝的一部分，可能是爸爸妈妈们唯一且理性的选择。

当然，如果现代医学可以把他们"还"给上帝的话，那就更好了……

宝宝需要益生菌吗？

我家情况

估计很多人看到我们把这个标题打问号会不以为然，怎么这个还用问啊？大家不是都在吃"妈咪爱"、"合生元"吗？

过去，我们也不知道原来肠道菌的使用竟然如此普及，而且宝宝爸妈们对肠道菌的疗效竟然如此确定。回想我们小的时候，如果肚子出了问题，妈妈都会给乳酶生吃——这个不是大家通常认为的系乳酸菌制剂，而是肠球菌制剂。看来我们从很久以前就是肠道菌的"使用派"，而反对使用的声音似乎没有，不然，乳酶生怎么会成为家庭常备药的？

那么，这样看起来，现在大家对活菌制剂的信任就不奇怪了。

但是，肠道活菌制剂的使用，在临床医学上及临床微生物学上，依然是个争论的话题。

争论的最主要内容，首先是肠道菌有用吗？

也许大家都很奇怪，用了这么多年，几乎人人都用过，怎么有用没用都不知道？可这个争论确实存在。很多学者发现，即便是口服大剂量的肠道菌制剂，由于胃酸等消化液的杀灭作用，能够到达其寄生部位结肠的仅有不到百分之一，这么低的剂量是否能发挥生物效能，存疑。

但有研究发现，婴儿对外来肠道菌的杀灭能力有限，所以宝宝口服可能效

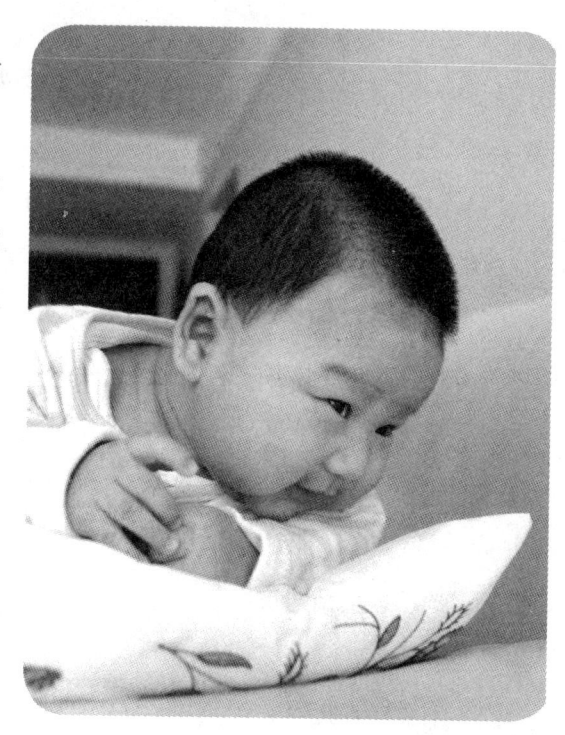

果会好一些。

再有一个是安全性，很多人常规使用的乳酸杆菌、双歧杆菌都有致病的报告。

我家宝宝拉肚子时，就出现过使用妈咪爱加重腹泻的情况。我想这可能是个案，可我们到药店去买活菌制剂，说明不要妈咪爱，售货员都非常困惑地看着我，好像在说："这么好的药不用，这个人怎么这么麻烦啊！"

不仅仅是妈咪爱，我家宝宝使用保加利亚乳杆菌、屎肠球菌等的活菌制剂，都没有发现对肠道消化、对腹泻或者乳糖不耐受症状的改善有什么作用。也许用这个制剂的同时腹泻加重是其他原因，不能赖到肠道菌身上，但其疗效不确切、不明显应该是肯定的。

我们在和别的宝宝爸妈交流，或者看互联网论坛上大家的育儿经验时，经常碰到人们给别人推荐妈咪爱，有的用语非常肯定："吃点肠道菌就行了。"我们观察到，这些推荐涉及到的病情，有营养性稀便、乳糖不耐受、加新食物导致腹泻（估计为机械性）、奶瓣、湿疹、荨麻疹、急疹、发烧、哭闹、生长不快（这个最有意思，有妈妈提问说宝宝个子总不见长，有人说吃肠道菌，我家宝宝吃了就高了，真不知这位家长是不是乱讲）、睡眠不好、偏食、缺钙（不补维生素D却补肠道菌，真不好理解），等等，太多了。

这让我们想起中国上世纪30年代的"人丹热"和美国上世纪70年代的"维生素C热"！现在，这个肠道菌也和万能灵丹差不多了！

所以，我们仅就我们的临床经验和医学微生物学专业研究经验，关于这个肠道"益生菌"的使用，提一些我们的个人看法：

（1）控制使用范围，最好仅限于消化不良、积食、营养性腹泻、慢性腹泻等较轻的症状的治疗。

（2）已经证实免疫力低的宝宝禁用，因为这时益生菌进入宝宝体内可能会变成致病菌。另外，低营养状态的宝宝也要慎用。

（3）有疫苗、感染、过敏（食物过敏性的湿疹除外）、出疹等疾病时禁用。

（4）如果补充益生菌效果不好，又希望进行这些"非药物"治疗的话，可以试试益生元。

（5）选服益生菌时可以看看菌属，一般乳酸菌类（种类较多）和双歧杆菌类效果相对好些。

（6）不要同时服用抗生素。

文献精要

对益生菌疗法提出质疑的有很多资深专业人士,他们主要质疑的有以下几个问题:

(1)益生菌自身的安全性。

(2)益生菌在肠道中的植活能力。

(3)益生菌能否通过层层屏障到达结肠后还能保持最低剂量。

(4)对急性腹泻是否有治疗效果等等方面。

这些质疑中传播最广、最有影响的还是方舟子先生的一篇科普文章《益生菌能否益生》。最后,值得一提的是,目前不仅对益生菌的功效缺乏足够的研究,对其副作用也缺乏研究,这并非意味着对其副作用就可以忽视。今年1月25日,荷兰乌得勒支大学医学中心发布消息说,他们在2004—2007年间对296名胰腺炎患者进行临床试验,想看看益生菌是否对胰腺炎有疗效。出乎意料的是,通过肠饲服用益生菌的患者中有24人死亡,而对照组只有9人死亡。

如果把类似的观点放到街头花园的"妈妈论坛"里,或者互联网育儿社区里,估计会引起意见激荡,当然也有人可能是不屑——我们服用了这么久,觉得有效果啊!

而事情的另一面,是存在不少支持益生菌的研究文献。

如果进行文献检索,可以在科学杂志中查到大量肯定益生菌作用的中外文献。有一个《世界胃肠组织临床指南——益生菌和益生元》文献里提到,益生菌可用于急性腹泻的辅助治疗,以及急性腹泻的预防,抗生素致腹泻的治疗,辅助根除幽门螺杆菌,治疗一部分特发性湿疹患者,改善乳糖吸收不良症等。但益生菌对心脑血管疾病没有作用,对酒精性脂肪肝、全身感染等疾病没有预防作用。

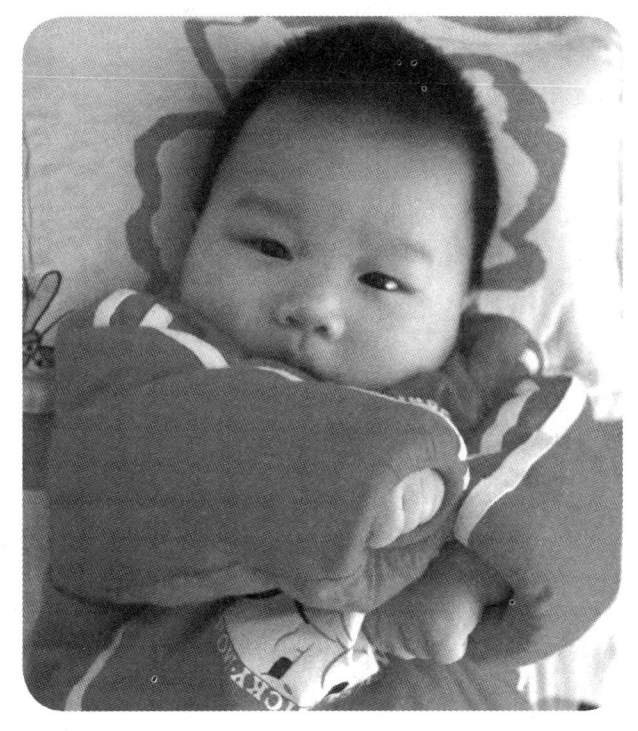

我们想说的是,医学是一门科学,而科学对于明显对立的观点的处理,一是通过权威而缜密的大样本实验设计来解决,另一

种方法就是把它交给时间,让科学和方法学的发展来消化这个问题。

既然现在这个问题还在争论,我们认为至少大规模应用于所有人群是不适合的,特别是作为患者(宝宝爸妈)自购自用的实际非处方药来处理是不好的,应该由医生来严格掌握它的适应症。

益生菌以外,近年来还有一些能够促进肠道有益细菌生长的物质开始受到重视——即上文提到的益生元。

除了益生元不是细菌,是某种特定的营养物,它可以营养消化道内特殊的一群微生物,促进其生长,发挥这些菌群的作用。

目前,已经被证实的益生元成分,有菊糖、低聚果糖、菊糖、低聚半乳糖、乳果糖、母乳低聚糖。

儿科医生陆亚东报告了一个益生元实验,选择271个宝宝,分别给予含半乳糖-低聚糖(一种益生元)奶粉喂养和普通配方奶粉喂养,结果益生元喂养组的宝宝3个月大和6个月大时肠道内肠道益生菌双歧杆菌、乳酸杆菌的数量均显著高于喂普通奶粉的对照组。另外,添加益生元的奶粉可以显著提高大便的乙酸含量,降低PH值,改善大便性状,增加大便次数和大便体积,且未见婴儿有明显的肠道不良反应。这些结果说明添加益生元可以模拟母乳功能,调整肠道微生态的复原。

这样的研究还有很多,不一一列举。

如果看了我们的介绍,可能大家会更加糊涂了。究竟益生菌有没有作用,有没有副作用?宝宝肠胃不好的时候到底该不该吃?

我们只能保守地推荐上文那些使用原则。同时我们注意到,很多儿童食物如饼干、巧克力、休闲食品中都含有益生元,这些食品也可以叫做肠道功能食品。如果服用了添加益生菌的食品效果不明显,也可以试一试含有益生元的。

我们还见到,有一种益生菌和益生元的混合制剂(专业称"合生素"),商品剂型卖得非常贵,几百块钱一小盒。其实从我们刚刚的介绍中,就可以推测这种东西的成本了,吃不吃,要不要吃这么贵的,还是大家自己拿主意吧。

我们给别的宝宝爸妈介绍宝宝腹泻的治疗原则时,曾发现有人问我们,乳酸菌素如何使用?我们仔细盘问一下,发现他们把益生菌和乳酸菌素搞混了(也有人说到药店去买益生菌,结果售货员推荐了这个)。乳酸菌素是乳酸菌的代谢物,据称具有杀灭细菌的治疗作用。而且菌素不是活菌,在服用时也无需考虑被人体免疫屏障清除的问题。

第四篇
不能不说的疫苗

更大程度上说，疫苗的主要作用就是防止疾病，特别是对特殊人群（如小婴儿、艾滋感染者）提供保护。至于疫苗提供的整体社会医疗成本的节约，和对家庭经济负担的减弱，可能只是防止疾病的必然结果和"副产品"。

【引子】

你可能不知道的疫苗

有一次，我们带着宝宝在楼下的花园里玩儿，偶然听到两个带着小宝宝的人的几句对话。

——哎，你们来了啊，上午怎么没见到你们啊？
——哦，上医院了，打疫苗去啦。
——喔，打疫苗——我们上周也打了。对了，你家打的是什么啊？
——这个……嗐，没记住，反正他们要多少钱给他们就是了。你还别说，现在的疫苗还真贵呢，100多块钱呢……
——100多还贵，我们上次打的那个300多呢，说是——说是治肺炎的，还是脑膜炎的啊，反正是进口的，最好的……
——那还是你们有钱啊，我们觉得这100多就不值呢……
——嗐，有啥钱啊，都是为了孩子呢……

听完这段对话，我俩面面相觑，足足有1分钟，谁也没说出话来。我们无意于指责任何人，但从这段对话中至少可以听出，负责疫苗注射的医生没有给这两家人非常明确且可理解的疫苗功能解释，也没有给他们可读懂的疫苗材料。而这两位家长，没有弄明白要种什么疫苗，更没有弄清楚这个疫苗宝宝该不该种，值不值得种，自己家的宝宝是不是有禁忌，想来他们也不会知道自己种的这个疫苗有多长的保护期，更不会知道如果没有起到保护作用，如何索赔，向谁索赔。

关于疫苗，我们还想讲几件事。

宝宝爸的一位同事说，她小时候没有接种过任何疫苗。我们有些奇怪，追问原因，她说家里人因为接种疫苗得了肾病，所以她就什么都没种过。看到我们有些奇怪，她解释母亲是医生，想不接种还是有渠道的。她补充解释说，虽然没种疫苗，但和疫苗有关的病，她都没得过。

接下来说我们自己的事——我们在医疗单位工作,每年都有免费接种流感疫苗的待遇——但10年来了,我们一次也没有接种过。甲型H1N1流感流行的时候,医务工作者也属于第一批接种疫苗的,但我们没有接种——用同事们的话讲,不是不想接,是不敢接啊。

我们曾见过一个病例,疫苗接种后患了格林巴利综合征,下肢瘫痪。这个孩子的父母是流动打工者,因为不知道接种疫苗实际是免费的(当时很多地区实际还在对外地户籍人口接种收费),在个体诊所花10元钱打了疫苗,只知道是预防脑膜炎(或脑炎)的。后来孩子发病,诊所听说这事立即关门跑路,而他们手里都没有一张接种证,不知道打的是什么疫苗(基础免疫里有流脑和乙脑疫苗,这两种疫苗完全不同),更不知道疫苗的厂家和批号,索赔无门。

我们见过一个得了结核的初中学生。她的母亲见到医生就说:"我们接种过卡介苗啊,谁知道还是不行,这疫苗肯定是假的!"他们不知道,卡介苗对结核的防治作用近年来已经饱受质疑,很多人倾向于认为它根本无效。而且每一种疫苗都是有保护期的,这个孩子早已超过卡介苗的保护期了。

我们想说,和我们10多年前参加医疗工作时比起来,现在的免疫接种规范而透明,该种的绝不漏种,该不收费的绝不收费,很多防病机构还提供上门的健康检查。很多宝宝的家长对于疫苗也非常重视,但如果你问他们,你接种的这个疫苗是活疫苗还是死疫苗,还是基因重组成分,你接种的这个疫苗保护期有多久,什么时候还需要再接种?估计他们都答不上来。

我们并不是公共卫生专业,也不是疫苗相关专业,宝宝爸在防疫部门工作时,仅仅作为"票友"参加过大规模的接种而已。所以,我们在宝宝1岁之前的这一年里,恶补了一些疫苗的知识。我们觉得,虽然我们是按照国家计划免疫的要求,主动带宝宝去接受疫苗接种,但我们还是要了解其中的知识,以及为什么要接种。至于自费疫苗(又称二类疫苗),我们还要知道哪些应该种,哪些可种可不种,如何保留好接种证据,种了有什么风险,种了无效怎么索赔,种了出现副作用伤害了宝宝如何索赔,等等……

所以，本章疫苗内容会比较专业和晦涩，我们尽量做到每一种疫苗都说清其利害，疫苗是什么成分，是活的还是死的或是基因重组蛋白的，疫苗的保护作用有多大，有多久，有什么特殊的危险，等等。

至于自费疫苗如何选择，因为各家、各地的情况不同，我们不会给大家建议，只列出我家宝宝接种过的自费疫苗。

【疫苗总论】

疫苗这东西

 我家情况

我家宝宝刚出生的时候,医院就按照规矩,接种了乙肝疫苗,顺手种了卡介苗。接种之后宝宝脸上有点红斑,送宝宝过来的护士还特意交代了这件事,说这红斑应该没什么影响,有什么变化可以及时叫他们。

我们也知道大概没事——这也许是新生儿红斑,也许是荨麻疹,但估计问题都不大。我们仔细观察了半天,见红斑只有缩小的趋势,没有扩大,也就放心了。

接下来的一年里,我们都是按照法定的接种程序,接种了疫苗。6个月之前的基本没事,风平浪静。但第7个月接种第三针百白破的时候,出麻烦了,接种后高热,体温直往40℃上蹿。虽然我们知道这个百白破最容易出事,也知道这是疫苗接种反应,但心里还是一惊——我们见过不少疫苗接种反应的严重病例,虽然这是极小概率事件,但每次宝宝胳膊上扎进去那一针的时候,我们的心都是沉重的——也许这一针下去,不知道怎么就中彩了呢?但是基于法律和公共道德义务(而不是我们防治疾病的需要),我们都有义务给宝宝接这一针——我们甚至觉得,这是宝宝第二次为社会做有意义的事呢(第一次是她为救灾捐款)。

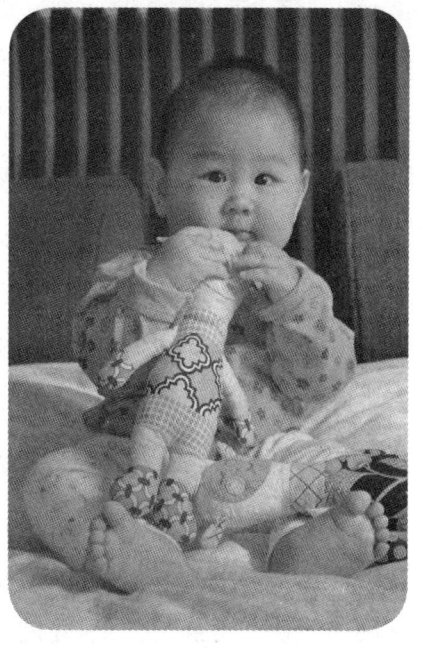

现在,咱们还说那针发烧了的百白破——40℃,我们的招数用尽,最后还是去医院打针吧。医生简单地问了情况,什么化验都没做,就开了退热针剂。

好在夜里宝宝烧就退了,第二天依旧玩儿。我们也松了一口气。后来有人告诉我们,如果害怕这个疫苗的反应,可以打进口的精制疫苗,那个反应很轻微的——我们听了半天说不出话来,进口的是无细胞疫苗,咱们这个也是无细胞啊!如果我们是百白破的疫苗工程师(宝宝妈的专业和这个很近的,所以我们懂些),早就"自裁以谢天下了"!(当然这是气话)

说来也怪,从此以后宝宝每次到接种疫苗的时候就会出点儿小状况,不是拉肚子了,就是长了几个荨麻疹,或者是不明原因的"热乎"。我们觉得,宝宝自己也不愿意去打这个东西呢!

但还是打吧,这个没办法!

所以第1年,宝宝完全按照免疫计划注射(服用)了所有应该接种的一类疫苗。自费疫苗,在第10个月时选择了国产兰州生物制品所的轮状病毒减毒疫苗,第15个月时选择了水痘疫苗。

至于效果吗,其实疫苗的效果最没法评价了——到目前为止,所有一类疫苗预防的疾病,比如乙肝、百日咳、乙脑,均没有发病。所有接种过的二类疫苗,比如轮状病毒腹泻、水痘等,也没有发病。至于这个没发病的原因是疫苗的效果,还是本来就没被传染,那,只有天知道了。

疫苗知识

据称第一个疫苗是牛痘,很早之前已经开始用它给儿童进行鼻部接种,据说效果良好。也正是因为牛痘的经验,人类天花病毒免疫取得了卓越的成果,1980年世界卫生组织宣布,经过大规模的普遍接种,全球已经消灭了天花。

不过,医生们认为,除了天花这种极为严重的疾病,疫苗的作用并不是为了消除某种疾病——病原体也是有其自然生态的,强行驱除一种疾病的结果,可能是新的严重疾病的插入,或者其他原有疾病的致病力严重恶化。

世界卫生组织原本打算在2000年驱除脊髓灰质炎的努力便告夭折,除了脊髓灰质炎流行区域偏僻(主要为印度、巴基斯坦和阿富汗)接种不足之外,也和脊髓灰质炎病毒类别较多致病力复杂有关。另外,口服脊髓灰质炎减毒活疫苗还会引起严重的疫苗麻痹综合征,它和脊灰引起的严重麻痹类似。这种严重副作用也使疫苗的民众认知大打折扣(除非疫苗厂家和医疗机构隐瞒了这种风险)。

所以，更大程度上说，疫苗的主要作用就是预防疾病，特别是对特殊人群（如小婴儿、艾滋感染者）提供保护。至于疫苗提供的整体社会医疗成本的节约，和对家庭经济负担的减少，可能只是防止疾病的必然结果和"副产品"。

最早的疫苗制作简单，只要实现对致病细菌或病毒的培养，得到足够的浓度，然后通过化学制剂杀死病原体，并促使其裂解，抗原暴露，这样的溶液就可以接种给人群，增加人们对这种感染的免疫力了。

现代疫苗的发展依然因循这个套路，现在临床使用的疫苗几乎都是这个方法：利用培养、基因重组等技术提取致病体的某种物质，以这种物质为抗原接种人体，促进人体抗感染免疫的动员，并产生免疫记忆。

所以，疫苗至少具备如下特点：

（1）一种病原体疫苗一般只预防该种病原体。如果为了防止某种疾病，如肺炎，可能就要接种多种疫苗。

（2）受到接种方式、环境、受种者免疫状态的影响，一次接种可能并不能产生完整免疫力，所以很多疫苗需要多次接种来强化免疫。

（3）极少有疫苗接种后可提供终生的免疫力，虽然很多材料都做过这种宣传。

（4）由于疫苗本身就是病原体成分，而且在制作疫苗中还需要加入一些免疫佐剂来增强机体的免疫反应，所以疫苗几乎都有副作用。

（5）有些疫苗是减毒活疫苗，减毒可能并不是完全不致病，有的活疫苗也可以引起疾病，如腮腺炎疫苗偶尔可导致接种者腮腺炎。

（6）疫苗动员免疫反应偶然可以引起严重的免疫副作用，如免疫肾病、格林巴利综合征（一种严重的但可自愈的神经综合征）。

（7）由于疫苗大规模生产中可能会加入一些必要的物质，这些物质也可能会对接种者有害，或导致过敏。如疫苗中多含有防腐剂硫柳汞，汞对人体有一定毒性；有的疫苗在制作中，为了防止细胞被细菌侵袭，加入了抗生素新霉素，而新霉素同样会导致过敏。

接种疫苗，看起来是一件好事，可以用较低的成本，换来宝宝将来不患严重的疾病，多好！但是，上面也讲到了疫苗的副作用，而且很多副作用还非常严重，比如口服脊灰疫苗可以引起严重的麻痹反应，留下后遗症，这个代价和患脊髓灰质炎是差不多的（宝宝本来可能并不会受到这个病的自然传染），这个代价看起来就是不可接受的了，虽然发生这个副作用的几率只有二十五万分之一。

常用疫苗的接种部位、途径和剂量

疫　苗	接种部位	接种途径	接种剂量/剂次
乙肝疫苗	上臂外侧三角肌中部	肌内注射	酵母苗16岁以下5μg/0.5ml，CHO苗10μg/1ml、20μg/1ml
卡介苗	上臂外侧三角肌中部附着处	皮内注射	0.1ml
脊灰疫苗		口服	1粒
百白破疫苗	上臂外侧三角肌附着处或臀部	肌内注射	0.5ml
白破疫苗	上臂外侧三角肌附着处	肌内注射	0.5ml
麻疹疫苗	上臂外侧三角肌下缘附着处	皮下注射	0.5ml
乙脑疫苗	上臂外侧三角肌下缘附着处	皮下注射	0.5ml
A群流脑疫苗	上臂外侧三角肌下缘附着处	皮下注射	30μg/0.5ml
A+C流脑疫苗	上臂外侧三角肌下缘附着处	皮下注射	100μg/0.5ml.
风疹疫苗	上臂外侧三角肌下缘附着处	皮下注射	0.5ml

所以，关于疫苗的选择，我们建议：

（1）要完全了解接种疫苗的危险性和能够提供的保护程度，包括疫苗是活疫苗还是死疫苗（一般活疫苗副作用较重），副作用都有哪些，有哪些严重的副作用和后遗症，可以提供哪些保护，保护几率多少，保护力持续多久等都要弄清楚（后面我们分别介绍宝宝的疫苗时，也主要采取这几个方面）。知己知彼，方可作出决断。

（2）宝宝自身的健康状态，比如是否有不适合接种的疾病，是不是已经罹患这种疾病（按照中国免疫法规，似乎已经罹患的还要接种，否则难于入托入学），是不是对新霉素过敏（细胞培养生产的病毒疫苗多含新霉素），是否对鸡蛋过敏（鸡胚是培养病毒的好培养基，故很多病毒疫苗含鸡蛋成分）。这些都是接种的否定性因素，很多免疫机构工作粗疏，不会仔细提问，这些问题一定要提前声明。

（3）了解了疫苗，知道了自身情况，在没有严格的禁忌时，就需要宝宝爸妈自己按照"成本-收益分析"，来评价是否需要接种了——可能这只适用于自费疫苗，国家计划免疫的一类疫苗要求所有适龄公民必须接种。

我们选择给宝宝接种了所有计划免疫的疫苗，主要是从社会公共利益角度——虽然疫苗不可能消除疾病，但对抑制其暴发，和在非接种人群中的自然免疫是有益的。接种率越高，这些作用就越大。所以，我们才敢说，接种强制疫苗是宝宝为社会做出的贡献。

疫苗有关法规

中国的强制免疫接种法律规定，主要源自《传染病防治法》、《疫苗流通和免疫接种管理条例》、《预防接种工作规范》。

国家实施免疫接种制度，对列入计划免疫的一类疫苗实施免费接种。这些疫苗包括，皮内注射用卡介苗、重组乙型肝炎疫苗、口服脊髓灰质炎减毒活疫苗、吸附百白破联合疫苗、吸附白喉破伤风联合疫苗、麻疹减毒活疫苗（以下称麻疹疫苗）。

接种计划如下表：

疫苗	年（月）龄										
	出生时	1月	2月	3月	4月	5月	6月	8月	18—24月	4岁*	6岁
乙肝疫苗	第1剂	第2剂					第3剂				
卡介苗	1剂										
脊灰疫苗			第1剂	第2剂	第3剂					第4剂*	
百白破疫苗				第1剂	第2剂	第3剂			第4剂*		
白破疫苗											1剂*
麻疹疫苗								第1剂	第2剂**		

2007年，卫生部通知，"扩大国家免疫规划疫苗范围，在现行全国范围使用的国家免疫规划疫苗基础上，将甲肝疫苗、流脑疫苗、乙脑疫苗、麻疹腮腺炎风疹联合疫苗、无细胞百白破疫苗纳入国家免疫规划"。这样国家免疫规划疫苗（一类疫苗，免费接种）就达到10种（无细胞百白破替代原用的全细胞百白破）。

不过，有关法规并没有规定在什么异常情况下可以不接种某种疫苗，以及提起这种不接种的程序。当宝宝对某种成分过敏时,应该如何做到合法不接种,宝宝爸妈只有咨询当地防病机构了。

除了10种一类疫苗,还有很多二类疫苗供接种者选用,自付费用。

接下来我们设想一个严重的情况,如果宝宝因为接种疫苗导致了严重的免疫反应,那么宝宝的医疗费、补偿费、精神损失费,以及家长的陪护费、误工费,都应该向谁追偿?是向疫苗供应企业,还是接种的医院?

由于中国法律默认免费的计划免疫接种是一种公共利益的消除疾病、保护公民的行为,可能这种行为并不能获得普通民事意义上的追偿。《疫苗流通和免疫接种管理条例》只规定,严重疫苗反应的认定参照医疗事故鉴定程序,医疗费用由当地医疗事业费用列支。没有规定其他费用如何赔偿。实际也很少见到这种司法判例。

而宝宝如果接种的是自费疫苗呢?我们觉得,既然我们付出了高额成本,那就是一种普通医疗服务意义上的民事关系,可以参照《医疗事故处理办法》来解决。那么疫苗厂商或者收取中间差价的医院都应该承担连带责任,对上述所有费用作出赔偿。

那么,如果是另外一种情况,我们接种了自费疫苗,结果却得了这种疾病呢?有的国外疫苗厂家规定,这种情况可以退回疫苗购买费用。在我们看来,情况不是这么简单。既然这是普通民事意义的合同关系,疫苗厂家和医院就应该承担疾病保护的责任,提供宝宝患此病的医疗、康复费用和所有合理相关费用,并作出合理补偿及精神赔偿。

最后,既然适用医疗事故处理办法,那么从患者角度而言,就应该注意保全证据。保全证据不应该是出现严重的接种反应才开始——虽然每次都保全了证据,但不出现问题最好。

免疫接种最具法律效力的文件就是接种手册,特别是已经由医务人员登记疫苗批号,并且亲笔署名的接种记录。这个记录和普通医疗行为中的病历的效力几乎是等同的。而且患者手中的记录和医疗机构的记录不一致时,患者手中的接种手册的记录效力要高于医疗机构的效力。如果出现接种反应,注意这个记录不应该被以任何理由拿走,应保证其原始性。

当然,如果能够保存接种时的疫苗安瓿瓶,安瓿有完整标签和批号,那才是最好的。同时,应该保留最为完整的出现副作用之后的诊疗记录,以备医疗事故鉴定使用。

未来的疫苗

很多宝宝爸妈都因为要反复带宝宝去种疫苗而烦恼,不仅宝宝很小出门很麻烦,而且赶上冬天,保暖更不好解决。有的预防接种机构非常繁忙,等上几个小时是常事。我们就听到有人抱怨,要是一次接种把所有的疾病都预防了该多好啊。

这个问题估计是大家的梦想——如果能进行一次接种,而产生对百日咳、风疹、麻疹、脊灰、霍乱、伤寒等多种疾病的免疫力,那岂不是很好?

中国现在的免疫计划一般要求单次接种单苗,这也是大家总要跑医院接种疫苗的原因,特别是2007年扩大了接种范围到10种基础疫苗之后。

国外有将乙肝、百白破、流感嗜血杆菌、风疹、麻疹等多种疫苗一次给宝宝接种的,只不过要接种在不同部位。国内操作规程亦允许同时接种两种及以上的疫苗。

但这还是不能解决问题,因为所有的疫苗不能混在一起,宝宝还是要挨那么多针!

根据现在疫苗科学的发展,未来可能会解决这个问题。

(1)重组活病毒疫苗

重组疫苗是指用无害的病毒为载体,在其基因序列中插入能够产生需要预防的病原体的重要抗原决定序列,然后把这种能够产生作用的病原体抗原的组合病毒当做疫苗免疫人体。我们可以设想一下,如果我们不接受脊灰减毒活疫苗的严重副作用,可以挑出这种病毒的抗原基因,重组进入一种对人无害的病毒中,如金丝雀痘病毒。这种痘病毒将可以表达脊灰病毒的抗原,接种人体后可以诱导产生对脊灰病毒的免疫力。

而且,这种重组既可以重组进来一种抗原,也可以试着重组多种病原体的抗原。如果这几种抗原之间的免疫互不干扰,那么这个疫苗就可以预防多种病原了。

(2)DNA疫苗

DNA疫苗可能是疫苗未来的发展方向。这种技术直接用载体把需要免疫的目标病原体抗原产生的基因转化进入人体的基因,使人体细胞可以产生相应的目的蛋白质。人体免疫系统对这种蛋白质产生免疫反应,就像传统的疫苗一样可以获得免疫力。

DNA疫苗在理论上也可以转入多种病原体的抗原DNA,那么这种疫苗就是可以预防多种病原体的疫苗。

【疫苗分论】

"不行"的卡介苗

卡介苗

【针对疾病】结核性脑膜炎、播散型结核

【应用时间】1921 年

【中国计免类别】一类疫苗

【保护时间】10—20 年

【最低报告保护率】50%

【疫苗成分】减毒活菌

【不良反应】较罕见

【主要存在问题】对儿童原发感染的结核病（多为肺结核）无保护，对成人各种结核感染无保护

在引子里我们提到了一个例子：上中学的孩子得了结核，孩子母亲说我们接种了卡介苗，那个疫苗肯定是假的！实际上这位母亲不知道，大家都知道的预防结核病的卡介苗，其实对原发的结核感染（也就是被别人传染结核）是没有保护作用的。换言之，即便是这个孩子接种完卡介苗后不久受到结核分支杆菌的感染，也是可能得结核的，卡介苗对这个没有保护。

我们把这件事说给很多宝宝爸妈听，他们大多很诧异，怎么会这样？医生们为什么不告诉我？

其实，可能不是医生们不告诉，他们可能也知之了了。我们曾做过一个小调查，问过几位非预防医学的医生，他们对于卡介苗的了解，大多也限于"防治结核"而已，几乎没有人准确地说出它的防治范围。宝宝爸上世纪末在基层医疗单位工作时，接触过不少基层防疫工作者，他们对卡介苗的认识并不高于上述非公共卫生专业的医生。我们在查文献之前，也只是模糊地知道近年来已经基本否定了卡介苗对结核的保护作用，其他的也是通过这次文献学习才弄清楚的。

但是，这些原因都不能消解接种了卡介苗的宝宝爸妈的愤怒。一位做了父亲的朋友听了我们的介绍，反问道：既然卡介苗不行了，我想知道，我为了给宝宝防治结核，应该给他接种什么疫苗？

我们很遗憾地告诉他，关于结核分支杆菌，目前被批准的只有卡介苗，将来可能会有DNA疫苗被批准，但现在只有这么个"没啥用"的东西可选——应该说是必选，一类疫苗是基础免疫，必须接种的。

世界卫生组织在一份关于卡介苗的"立场文件"中详细地表明了该组织对卡介苗作用的观点：

> BCG（卡介苗）接种不能影响TB（结核病）的发病率，对许多地方性流行区目前的TB控制策略构成了巨大威胁。尽管BCG（卡介苗）存在缺点，但WHO仍推荐TB（结核病）高发国家应尽快对刚出生的新生儿接种单剂BCG（卡介苗）。之所以这样做是因为在幼儿中接种BCG（卡介苗）可对危及生命的TB（结核病）实现显著的保护作用。

这里说的可以对危及生命的结核有保护作用，指的是卡介苗可以防治结核性脑膜炎和播散性结核（即体内已有感染，通过血液等向其他部位播散）。

近年来逐年报告结核患病率上升，在西方主要是年轻人中特定低免疫人群（如艾滋病毒感染者）的发病率高。而在不发达国家，结核病的发病率亦上升。故WHO"仍推荐 TB 高发国家应尽快对刚出生的新生儿接种单剂 BCG（卡介苗）"。

卡介苗接种后的并发症罕见。

最后补充一下，如果有人读到较老的医学书籍，可能其中对卡介苗的预防结核作用是肯定的，这时请注意一下版本信息——在我们的印象里，1995 年之前出版的医学教材对卡介苗还是肯定的。而上述世界卫生组织表明基本立场的关于卡介苗的文件，发表时间是 2004 年。

乙肝疫苗："重组"就是好

乙型肝炎病毒表面抗原重组疫苗

【针对疾病】乙型肝炎

【应用时间】1986 年

【中国计免类别】一类疫苗

【保护时间】约 14 年（至少 12 年）

【报告保护率】95%

【疫苗成分】重组抗原

【不良反应】很少，肌肉疼痛、发热等亦少见

    中国曾经是乙型肝炎的流行大国，曾经有地区乙型肝炎表面抗原（即俗称的澳抗）的阳性率超过 30%，而有报告在使用大规模的疫苗干预之前，中国人中表面抗原阳性者曾超过 10%。所以，过去才把不发病的阳性者称作"健康携带者"。可惜的是，携带者一般都不会"健康"，乙型肝炎本身就迁延难治，长期下去还会向肝硬化和肝细胞性肝癌转归。

    中国 1992 年将乙肝疫苗纳入免疫规划，2002 年起纳入计划免疫（也就是成为免费疫苗）。曾有报告显示，疫苗普遍接种后，儿童的表面抗原阳性率从 10.57% 降至 1.4%，这说明乙肝疫苗的效果是非常好的。

    乙型肝炎的传播，相当一部分是因为母亲表面抗原阳性出生后密切接触传播，和儿童期的接触传播。所以，目前推荐乙肝疫苗在出生后 24 小时内接种，阻断母婴间密切接触传播的可能，并通过 3—4 次强化免疫，增强儿童抵御乙肝感染的能力。

    乙肝疫苗并不是传统的裂解病毒，或者减毒培养得到疫苗，而是通过将乙型肝炎病毒产生表面抗原蛋白的基因，转入生产体（细菌、酵母菌等），使生产体制造单纯的乙型肝炎病毒表面抗原蛋白，而没有其他任何病毒成分。所以，在将生产体成分剔除以后，这个疫苗诱导体内产生免疫力的效果好，也没有什么明显的副作用，有报告称连肌肉疼痛、发热等都很少见，更极少有严重过敏反应的报道。我们 10 余年来也没有

见过或听说过严重的乙肝疫苗接种反应。所以,乙肝这个例子证明,并不是像有些人说的,接种的疫苗有反应才有效,没反应则无效——恰恰相反,如果能够采用较为先进的技术,不单单可以将疫苗导致的疾病传播降到最低(如乙肝疫苗根本不是病毒,没有任何感染性),而且可以将免疫接种反应的发生率降到最低。如果从这个角度看,很多疫苗的研发工作——就像曾子老先生说过的——还"任重而道远"啊。

所以,世界卫生组织 2009 年的报告中说,乙肝重组疫苗具有"极佳的安全性"。

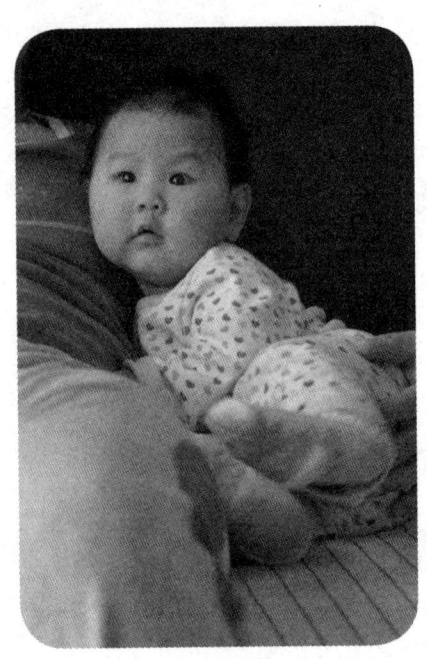

关于这个 24 小时第一针的接种,一般都是在产科医院完成的。如果产科没有接种,特别是母亲有表面抗原阳性的情况应该及时补种,最好不要超过 7 天。关于接种的部位,世界卫生组织推荐小婴儿的接种部位是大腿前部内侧肌肉(不推荐臀部),较大婴儿为上臂三角肌内。但国内疫苗的说明书对所有年龄的接种都推荐上臂三角肌内。

需要说明一点,乙肝疫苗免疫以后,是否免疫成功可以通过一个"乙型肝炎表面抗原抗体"的检测来证实(很多疫苗没有如此专门的可供检测的效果指标)。如果没有这个抗体,那么说明接种无效,应该及时补种。

百白破："无细胞"以后

无细胞百日咳杆菌疫苗

【针对疾病】百日咳

【中国计免类别】一类疫苗

【保护时间】5—7 年

【最低报告保护率】78%

【疫苗成分】荚膜多糖抗原

【不良反应】红肿、硬结、发热、烦躁，但较全细胞疫苗稍轻，随接种次数增加，其副作用发生频率增加

吸附精制白喉类毒素（疫苗）

【针对疾病】白喉

【中国计免类别】一类疫苗

【保护时间】成人后失效

【最低报告保护率】95.5%

【疫苗成分】类毒素

【不良反应】多为局部反应

吸附精制破伤风类毒素（疫苗）

【针对疾病】破伤风

【中国计免类别】一类疫苗

【保护时间】3—5 年

【最低报告保护率】80%

【疫苗成分】类毒素

【不良反应】一般引起轻微的局部反应、发热等。无菌性脓肿罕见

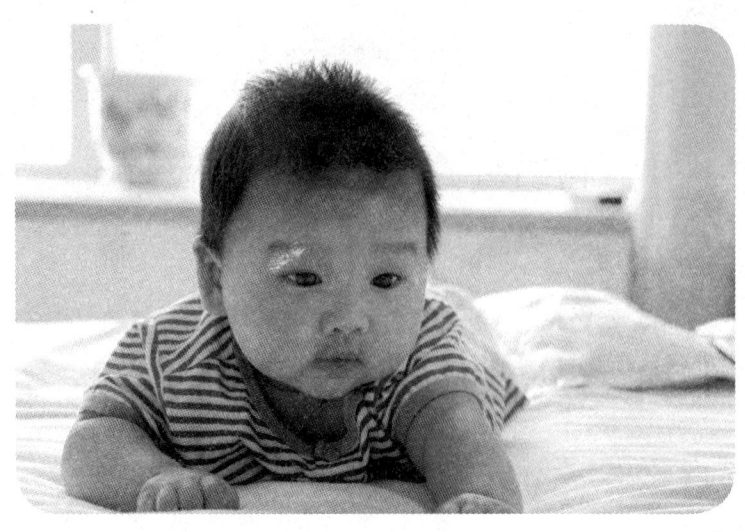

百日咳、白喉、破伤风是宝宝第一次接种的多联疫苗，可能也是计划免疫（一类）疫苗中副作用发生比较明显，出现率最高的一个疫苗。

百日咳是由百日咳鲍特氏菌（又称百日咳杆菌）引起的，以严重呛咳、病程最短亦达一个月的较为严重的呼吸道疾病为特点。研究显示，一般父母均为带菌者，宝宝大多被父母传染发病。百日咳是一种婴幼儿易患的疾病，5岁以上的儿童接种已经没有价值。

百日咳过去使用的都是灭活的全细胞疫苗，现在主要使用基于细菌一些成分的无细胞疫苗。有报告认为，百日咳疫苗较为严重的副作用在无细胞疫苗表现较为轻微，故2007年中国计划免疫中换用此疫苗。

全细胞百日咳疫苗可以引起红肿、硬结、发热、烦躁等不良反应，无细胞疫苗较弱，但亦可见，并且会出现接种肢体无痛感的肿胀。

产外毒素的白喉棒状杆菌可以引起白喉，即咽部白色伪膜，严重的可以导致窒息。白喉杆菌产生白喉外毒素致病，将外毒素培养物以甲醛处理，可以得到抗原性相同但致病力减弱的类毒素。类毒素可以直接作为疫苗。

破伤风杆菌是一种能产生芽孢的厌氧杆菌，主要存在于土壤中，对环境的抵抗能力极强。在人出现外伤时，可以由伤口带入而感染。破伤风杆菌分泌的毒素可以导致严重的症状，引发肌肉强直和痉挛，病死率可能高达70%，所以应对破伤风重在预防。破伤风疫苗是由破伤风类毒素制成的。

破伤风是一类非常严重的细菌感染性疾病，由于其致病主要是细菌分泌的毒素，这时使用抗生素已经无效，甚至可能会加重病情。所以，破伤风主要依靠预防。不论是否接种过疫苗，当出现外伤时，医生一般都会给患者注射破伤风抗毒素——这其实就是培养产生的破伤风外毒素抗体，可以直接给人体提供保护。

百日咳、白喉、破伤风，这个多联疫苗其实为人类免疫接种提供了一个新的思路，即多种疫苗在一针之中联合使用，协同发挥作用。除了百白破之外，麻疹、风疹、腮腺炎也是全球常用的多联组合。英国还有将流感嗜血杆菌疫苗和百日咳疫苗组合使用的。

可惜的是，百白破的疫苗接种反应比较常见，而且比其他疫苗要严重。所以，很多宝宝家长谈百白破色变——其实大家不必过于担心，一类疫苗是无论如何都要种的，何况现在已经全部换用了无细胞疫苗（里面含有的也是精制破伤风类毒素和精制白喉类毒素了），反应已经明显下降。不过，我们还听说有的地区没有更换完毕。如果实在不能完全换用无细胞疫苗，可以从第4针向前倒换，比如先把第4针换成无细胞，再换第3针、第2针，因为越往后反应越重。

肺炎疫苗

七价肺炎球菌结合疫苗

【针对疾病】肺炎球菌引起的肺炎、脑膜炎、败血症等

【中国计免类别】自选疫苗

【保护时间】2—3 年

【最低报告保护率】89.1%

【疫苗成分】荚膜多糖抗原

【不良反应】疼痛、红肿、硬结、低热等较轻症状常见

b 型流感嗜血杆菌结合疫苗

【针对疾病】b 型流感嗜血杆菌引起的肺炎、脑膜炎等

【中国计免类别】自选疫苗

【保护时间】不足 2 年

【最低报告保护率】89.1%

【疫苗成分】荚膜多糖蛋白偶联

【不良反应】均为一般反应,接种部位红肿、低热、皮疹等

  小宝宝得肺炎是非常麻烦的一件事,而且由于宝宝很小,危险比较大。虽然细菌性肺炎的比例较大,可以用抗生素治疗,但"防"听起来总是比"治"要主动些。

  上面提到的是两种最容易导致肺炎的细菌。除了肺炎之外,肺炎链球菌还容易引起脑膜炎、中耳炎、败血症等等,b 型流感嗜血杆菌可导致脑膜炎和其他侵袭性疾病。

  在我国接种机构常见的肺炎疫苗是 23 价多糖抗原疫苗,但这个疫苗主要是面向 5 岁以上的较大儿童,不能用于 2 岁以下的宝宝接种。可以接种小宝宝的疫苗,只有一种 PCV-7,也就是肺炎球菌多糖 7 价疫苗,可以用于 2 个月以上宝宝的预防接种。这也是美国批准开展基础免疫用的疫苗。

  b 型流感嗜血杆菌结合疫苗也是采用 b 型嗜血杆菌的荚膜多糖抗原(荚膜是细菌的

毒力成分，此型占流感嗜血杆菌感染的 90% 以上），加上白喉类毒素的变异体为载体结合成的疫苗。有报告显示，工业化国家实际已经消除了 b 型流感嗜血杆菌的侵袭性感染。从流行病学角度看，24 个月以上的儿童不再需要接种流感嗜血杆菌疫苗。

这个疫苗的副作用轻微，没有国产疫苗，其他没有什么重要的信息了。

需要说明一下，为了预防肺炎，接种这两种疫苗，可以降低细菌性肺炎的发病风险，但无法预防其他细菌性肺炎，也无法预防病毒性肺炎。

从社会公共卫生的管理角度看，如果大规模接种这两种疫苗，由这两种细菌引起的肺炎和其他感染无疑会大幅度下降。但这两个细菌的退出，也给其他病原体留出了空间，这两种细菌的致病下降了，其他病原体会"填补"进来，社会面对肺炎的总体支出，和患者受到的困扰也许不会下降或下降不多。

这可能是疫苗一个没法解决的问题了。

狂犬疫苗：没咬也能种？

狂犬病病毒疫苗

【针对疾病】狂犬病

【应用时间】1984 年（第一代疫苗 1885 年）

【中国计免类别】二类（自选）

【保护时间】5—21 年

【疫苗成分】灭活疫苗

【不良反应】45% 左右有轻微反应，如红肿、疼痛等

狂犬病疫苗可能是大家最熟知的疫苗了，只要出现被狗咬伤，基本上大家都会选择到医院或预防机构接种狂犬疫苗。这种疫苗也是最早的应用于人类的疫苗之一。1885 年，微生物学鼻祖巴斯德用狂犬病毒接种到兔子身上，然后将兔脊髓干化制成疫苗，成功治愈了一个患者。

当然，这种疫苗是非常原始的。到上世纪 80 年代，疫苗已经发展到利用人类二倍体细胞培养，并经过严格的灭活程序（活病毒可能会有导致感染的后果）。

尽管狂犬病疫苗已经应用了这么多年，但最近报告，全球每年死于狂犬病的至少有 5.5 万人。狂犬病毒从神经系统侵入和致病，人的免疫系统对这个部位没有监测，所以病毒几乎是"入无人之境"，而且狂犬病没有特效的治疗手段，只能依靠紧急免疫来预防。

宝宝爸妈们经常遇到的一个问题是，被狗咬伤了，哪怕是轻微抓伤（专业上叫做二级暴露），他们都会去选择给宝宝接种疫苗。但是，如果是非犬科动物咬伤呢？比如可爱但有时候急了咬人的小兔子、小猫、荷兰鼠，甚至是一些"新宠物"，如蛇、蜥蜴？对于这些情况，可能有的医生说要种，有的说不要种，弄得家长们也无所适从。

首先应该肯定的是，狂犬病毒在犬科动物的唾液腺中即有寄生，所以被犬科动物咬伤、抓伤，即使这个动物未发病，也要进行免疫程序（详见下文）。但如果是非犬科动物就不好办了，像蛇、蜥蜴一类爬行纲的动物，狂犬病毒可能不能寄生到其神经系

统，而小兔子、小猫等也可能被狗咬伤而患狂犬病。

所以，总的原则只能是若被明确患狂犬的动物咬伤，一定要进行免疫程序。而被猫、雪貂等可能与犬混养的家养动物咬伤，也应该启动该程序，若10天内这些动物被确定没有狂犬病，可以中断免疫。

狂犬病毒感染人之后潜伏期为1至3个月，长的超过1年，甚至有的10多年。所以，没有免疫力的人被犬咬伤后要争取在最短的时间内获得免疫。一般接种狂犬疫苗后14天，体内的抗体水平已经达到预防能力。若被明确患狂犬病的犬咬伤，或者咬伤动物有可疑之处，应该在接种疫苗的同时注射"狂犬病毒免疫球蛋白"，这种球蛋白可以立即提供部分免疫力，这样的免疫程序可确保人避免狂犬病之害。

可能还有人要问，我家养狗狗，那么宝宝是否需要在平时而不是被狗咬后才接种疫苗？对于这种可能高风险的日常暴露，确实是推荐进行接种的，而且接种量比被咬后低很多，也不需接种那么多次。但这种推荐是对长期蓄养犬只，或者长期接触动物者的，家养犬患狂犬病的几率较低，当然对人的传播力也较低，是否需要预防性接种——这个恐怕医生们也不好回答，还是家长们自己根据对疫苗的副作用接受能力评价吧。

还有一个小问题，过去接种过狂犬疫苗，现在又被狗咬了，还要不要种？根据世界卫生组织推荐的原则，只要在暴露（咬伤）后0天和3天进行两次免疫接种就可以了。

特别需要指出的是，狂犬病是一类严重的致死性疾病。由于目前没有特殊治疗手段，所以在被犬咬伤等严重暴露之下，所有人群均应立即接种狂犬疫苗，包括孕妇和处于各个发育期的婴儿、儿童。这时如果用"成本-收益分析"来评估，无疑选择接种才是明智的。

流脑疫苗：第三个菌苗

A 群脑膜炎球菌多糖疫苗

【针对疾病】A 群脑膜炎球菌导致的流行性脑脊髓膜炎

【中国计免类别】一类疫苗（2007 年划入）

【保护时间】2—3 年（4 岁以下儿童）

【最低报告保护率】85%

【疫苗成分】荚膜（一种细菌外的包裹成分）抗原多糖

【不良反应】轻微，短暂低热或压痛

细菌性脑膜炎是迄今仍常见的细菌致死性感染疾病之一，而且经常出现流行性暴发。唯一引起暴发性流行的脑膜炎的，是一种叫做脑膜炎奈瑟氏菌的细菌。由于药物预防对这种暴发基本无效，而且脑膜炎奈瑟氏菌在很多成人的鼻咽部有寄生，所以对流行性脑膜炎最好的预防就是接种疫苗了。

中国使用的流脑疫苗，叫做"A 群脑膜炎球菌多糖疫苗"。读起来很拗口，但不能不把这个说清楚：引起流脑的 90% 以上为 A 群脑膜炎球菌、B 群脑膜炎球菌和 C 群脑膜炎球菌，其他还有 Y 群脑膜炎球菌、W135 群脑膜炎球菌。为什么要说这么详细呢？因为如果需要预防大多数的流脑，至少要接种 A、B、C 三群都有的疫苗，为了消灭流脑，则 A、B、C、Y、W135 等群最好都一块儿接种。

可我们用的只是 A 群疫苗。

这也是有原因的。研究发现，脑膜炎球菌疫苗对 2 岁以下的婴幼儿接种后缺乏明显的诱发免疫力，只有 A 群通过反复多次接种，效果还算可以。而 2 岁以下的宝宝又是流脑的易感人群。所以，对 2 岁甚至 1 岁以下的宝宝接种，只能选 A 群了。

所以，理论上讲若想很好地预防流脑（其发病率在不断下降），2 岁以上的宝宝最好再接种多价疫苗。

流脑疫苗是计划免疫中卡介苗、百白破之后的第三个菌苗。总论里我们说过，菌苗由于大多数是裂解疫苗、单独抗原疫苗，所以副作用比毒苗要轻（百日咳全细胞疫苗是个特例）。而流脑疫苗使用的不是脑膜炎双球菌的菌体抗原，因为通常在菌体之外，还包裹着厚厚的一层黏状蛋白物质——荚膜，所以干脆就选用这个荚膜为抗原做疫苗。

因为这个原因，流脑疫苗的副作用比较轻微，多见局部红肿、压痛和短暂的低热。

轮状病毒疫苗：该不该选

轮状病毒口服减毒活疫苗

【针对疾病】轮状病毒感染（小儿秋冬季腹泻）

【应用时间】2000 年（中国）

【中国计免类别】二类（自费）疫苗

【保护时间】约 1 年

【最低报告保护率】无资料

【疫苗成分】减毒活疫苗

【不良反应】可见腹泻、呕吐等。国外引起肠套叠的疫苗已经停用

轮状病毒感染引起的严重腹泻，被有的儿科专业人士称为宝宝第一年的第三道关（前面依次为肺炎、贫血）。轮状病毒腹泻症状轻重不一，但重症比较麻烦，世界卫生组织估计每年全球有 52.7 万 5 岁以下的儿童死于本可预防的轮状病毒感染。

由于 5 岁以上的儿童已经获得了对轮状病毒的自然免疫力，所以轮状病毒很少发生对较大儿童或成人的感染。轮状病毒感染没有特效药，治疗方法只能对症处理（口服补液及补锌已在相关章节介绍），所以唯一有效的预防手段就是接种疫苗。

由于是减毒活疫苗，口服轮状病毒疫苗后，可引起呕吐、腹泻等消化道症状，以及较低的发热等，但这些副作用可能并不常见。

我们在互联网论坛中看到一个帖子，讲轮状病毒会引起肠套叠。其实有关事实是，美国 Wyeth-Lederle 公司 1998 年在美国上市了一种名为 RotaShield 的四价重配疫苗。上市后一年发现这个疫苗婴儿接种 2 周后可能发生肠套叠，故厂家主动撤回了这个疫苗，至今没有再上市。

鉴于这次肠套叠事件，现行的两个国外轮状病毒疫苗都要求在婴儿早期接种，世界卫生组织的建议是 12 周之内（中国疫苗的首剂接种建议是第 7 或第 8 个月，这个比较奇怪，我们没看到有关支持研究），最迟完成基础免疫要在 32 周龄。按照世界卫生组织的建议，由于目前没有延后接种的安全资料，所以不建议 12 周龄以上的首次接种，

并严格要求末剂在 32 周龄完成。

目前全球范围只有三种批准的轮状病毒疫苗上市，国外为单价的 Rotarix，和五价的人牛重配 RotaTeq，国内由生物制品研究机构研制的疫苗，采用的是羊 RV RLL 病毒株在初生小牛肾细胞中培养而成。如果把这 3 个疫苗简单比较，Rotarix 用的是人源的病毒株，RotaTeq 是 5 价疫苗且为基因重配产品（5 价疫苗可以预防 5 个血清群病毒的感染），且这两种疫苗使用广泛，从理论上要优于国内疫苗。

从资料看，Rotarix 保护率据称可达 96%，对住院标准的感染保护率为 85%。RotaTeq 总保护率为 74%，对严重轮状病毒胃肠炎的保护率为 98%。两种疫苗的保护力都宣称为一年以上，而经典理论认为轮状病毒感染最严重的发病多发生在 2—24 个月的婴儿，所以这两个疫苗可能都不能提供整个危险期内的保护。若是别的疫苗，可以通过再次强化接种来解决这个问题，但世界卫生组织已经建议在 32 周龄之前完成基础轮状病毒免疫的婴儿，以后不要再接种轮状病毒疫苗。

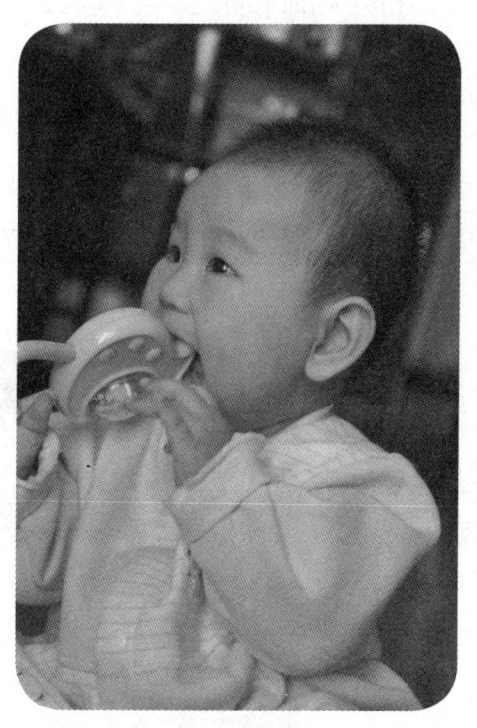

可能有人会问，说了这么多到底该不该种这个轮状病毒疫苗啊？

我们觉得，既然已经介绍了接种疫苗的利弊，每位家长都应该根据轮状病毒感染的可能性，和疫苗毒副作用之间的对比，以及自身的健康条件作出判断。

最后提醒一下，如果确定要接种，不要错过了 12 周龄这个首次接种时限。

麻腮风疫苗：孤独症之惑

麻疹 – 腮腺炎 – 风疹减毒活疫苗

【针对疾病】麻疹、腮腺炎、风疹

【应用时间】国外 1980 年

【中国计免类别】一类疫苗（2007 年划入）

【保护时间】麻疹 26—33 年（或为终生），腮腺炎 10—15 年，风疹终生（最低 15 年）

【报告保护率】麻疹最低报告 85%，腮腺炎最低报告为 60%，风疹 95%—100%

【疫苗成分】均为减毒活疫苗

【不良反应】除发热、皮疹等轻度反应外，尚有抽搐、关节痛、血小板减少等。腮腺炎疫苗可导致腮腺炎，可致无菌性脑膜炎（下文详述），麻疹疫苗导致儿童自闭症的论文近期已被撤回（下文详述）

可能基础疫苗里的每个多价疫苗都充满"话题"。所以，这里略去常规要提到的麻疹、腮腺炎、风疹的一般信息及诊疗情况等，也略去麻腮风疫苗的一些历史回顾，专门拿出笔墨来看看这个疫苗的副作用和接种特殊事项。

腮腺炎疫苗报告的副作用里有一个"腮腺炎"，也就是减毒活疫苗可以引起腮腺炎。减毒疫苗可能会导致轻度发病，流感疫苗也有这个问题。所以，接种前宝宝爸妈应该有清晰的认识。

腮腺炎疫苗应用之后,不断有发生无菌性脑膜炎副作用的报告。由于使用的毒苗不同,发生率也不同,最低的达五十万分之一。这种脑膜炎一般于接种后2—3周发病。除脑膜炎之外,亦有接种者发现无症状的脑脊液白细胞增高。

世界卫生组织更倾向于推荐各国着力于麻疹和风疹的免疫行动,由于腮腺炎发病率不算高,死亡率亦不高,世界卫生组织建议有关国家考虑成本和效益之间的关系再决定是否开展大规模免疫。而对于无菌性脑膜炎等严重并发症,世界卫生组织建议接种组织要有完善的风险管理策略。

再有,关于腮腺炎疫苗的保护效力过去一直宣传是终生免疫。现在最短期的认识为最低保护效力是10年。我们自己就有体会:宝宝爸小时候接种过疫苗,结果18岁在医院实习时得了腮腺炎——这就是我们前面反复说过的,疫苗的效力和接种是否成功,都是极难确定的事情。

关于麻疹,其副作用报告也较多,大多被描述为"轻微"及"一过性"。但有报告在接种后的7—12天,5%左右的接种者都出现超过39.4℃的高热,并有人因此导致高热惊厥。其他严重一些的副作用还有血小板减少性紫癜、一过性皮疹等。

关于麻疹疫苗最大的"话题"还是它和儿童自闭症(儿童孤独症)的关系。

我们在一些互联网上的亲子论坛里发现,如果有人提到麻疹疫苗可能会引起自闭症,引来的往往是一片惊呼,很多家长都因此对疫苗的安全发出了质疑。有文献报告,当疫苗和自闭症的关系被新闻报道后,英国的麻疹疫苗接种率曾从80%左右跌到了不足50%。

有关事实是这样的:1988年国际著名医学杂志刊出英国医生的研究结果,在自闭症患儿的结肠发现了炎性病变组织,而这些组织和接种麻疹疫苗可能有相关性。这些炎性病变可能是自闭症的诱因之一。这是自闭症和麻疹疫苗关系的第一个报告。之后学界一直在争论,有人做了类似研究得出了可能有关的结论,有人从相关性理论和其他角度反思,认为这种联系过为牵强。还有人指出,自闭症可能形成于胎儿期,而麻腮风接种在18个月以后,显然不是病因。

最戏剧性的是,2010年英国有关医师组织宣布,证实上述麻腮风和自闭症相关的实验操作者,研究中可能受到了利益影响,发表该成果的杂志也撤回了这篇文章。如果这的确是一个"伪科学"的骗局,那么关于自闭症和麻腮风之间,应该暂时说是无关了。

儿童期风疹本身不是一种严重的疾病,但孕期风疹可能会造成严重的先天畸形。

所以，控制风疹的免疫接种要考虑儿童期和成年两个问题。风疹疫苗本身的不良反应较轻，所以麻腮风疫苗较严重的不良反应与风疹成分无关。

流行病学研究已经证实，在开展风疹免疫的国家，儿童风疹疫苗接种率若严重不足，可能会增加成人（孕妇）风疹的患病率，这是非常危险的。所以，给宝宝主动接种风疹疫苗，还有这个社会公共意义。当然，如果能在育龄女性中开展普遍的风疹疫苗接种，这个危险就不存在了。

水痘疫苗：成人后还有效吗？

水痘病毒 Oka 株减毒活疫苗

【针对疾病】水痘、带状疱疹

【中国计免类别】自选疫苗

【保护时间】6—10 年

【使用时间】1984 年

【最低报告保护率】约 70%—90%

【疫苗成分】减毒病毒

【不良反应】注射部位红肿，接种后 4 周内出现皮疹等水痘样疾病

水痘是一种小儿常见病，由水痘—带状疱疹病毒引起，空气飞沫即可传播，是一个具有非常高的传染性的病毒病。水痘以发热、出痘为主要表现，可能会合并脑炎或肺炎。

由于其暴发程度和传染力，过去几乎每个儿童都曾罹患水痘。

水痘痊愈后病毒并不从机体内消失，而是常年寄生在末梢神经组织中。当机体的免疫力发生变化时，会再次导致疾病——以红肿、疼痛为症状的带状疱疹。

水痘疫苗的不良反应轻微，大多只有接种局部轻度红肿。小于 5% 的受种者会发生伴有皮疹的轻微水痘样疾病。即便是已经患病获得了免疫力，再接种水痘疫苗时耐受性亦好，仅有少数案例发生带状疱疹。

水痘疫苗保护效果较好，副作用较轻，但在中国属于自费（二类）疫苗，需要家长为宝宝选择是否接种。

成人带状疱疹和小儿水痘是同一个病毒，那么水痘疫苗接种后对将来的带状疱疹发病有无免疫力？

WHO 文件认为，目前还不能认为儿童期接种水痘病毒疫苗可以对普通人群成人时的带状疱疹感染提供保护作用。

有报告指出，成人接种疫苗预防带状疱疹时，可以先进行抗体筛查，发现无保护者方可接种，否则有再发生带状疱疹的风险。

糖丸不是"最安全"的

脊髓灰质炎病毒三价口服减毒活疫苗

【针对疾病】脊髓灰质炎

【应用时间】1963 年

【中国计免类别】一类疫苗

【保护时间】终生（有报告最低 27 年）

【最低报告保护率】70%—73%

【疫苗成分】减毒活疫苗

【不良反应】少见腹泻、呕吐、皮疹，严重不良反应为疫苗相关麻痹型脊灰（发生率百万分之四）

预防脊髓灰质炎（俗称小儿麻痹）的"糖丸"是大家最熟悉的疫苗之一，因为其经口服用不需要注射，简便快捷，宝宝大多能接受，而且在中国的计划免疫中应用较早，所以很多人对它都有一个印象：这个疫苗很安全。

不单公众有这样的认识，就连很多医生也是这样说的。我家宝宝第一次到医院接种这个时，医生就哄着宝宝说，这个糖丸最好吃，吃了就不得病了，乖！我们在一边对着宝宝说，宝宝你吃了可不要拉肚子啊。医生沉下脸说，怎么会，这糖丸是最安全的啊。

非常可惜的是，这个在计划免疫疫苗中唯一被赋予外号"糖丸"，而且普遍被宝宝们接受的疫苗，是减毒活疫苗，而且极低概率时会发生严重的不良反应，导致非常严重的后果。

脊髓灰质炎（小儿麻痹）这里就不介绍了，如果不想看大部头的医学教材，也可以看看美国总统富兰克林·罗斯福的故事。我们这里主要说说糖丸的副作用。

糖丸是经过减毒培养的脊灰活病毒，所谓三价，就是全部脊灰病毒的三种血清型都加入，这个一方面是为了防止免疫效果单一，另一方面也是为了实现2000年全球消灭脊灰的目标（可惜没有实现）。因为脊灰是经口感染消化道，所以脊灰疫苗也是经口服用。

因为是活疫苗，所以服用糖丸后可能会有发热、腹泻、皮疹等类似脊灰的症状。如果这些可以引起宝宝对脊灰的终生免疫，估计每个父母对此都是可以接受的。但是随着糖丸大规模的接种，一种严重的疫苗相关麻痹型脊灰被发现了。这种疾病几乎可以肯定，就是接种到人体的减毒病毒（疫苗）感染了人脊髓前角细胞，并最终导致死亡或残疾。

虽然这种严重不良反应的报告率仅为百万分之四或者七十五万分之一，但对于每一个发生了这种不良反应的家庭，可能都是不能接受的。这就是疫苗普遍应用的尴尬，大幅度降低发病率，对整个人群绝对是有益的，但有时，也要一些个体付出惨重的代价——这个情况在活疫苗尤甚。

为了减低疫苗相关麻痹型脊灰的发生，一些国家现在转而使用灭活的脊灰疫苗，虽然有时这种疫苗的一般副作用比活疫苗更大。

我们记得，上世纪90年代我国已经多年没有脊灰病例出现，在1999年几乎就要宣布正式消灭脊灰了，可惜当年在青海出现了病例。宝宝爸当时在甘肃临近青海的地方防疫系统工作，亲历了当时对所有儿童进行强化免疫的仓促和防疫工作人员的坚忍。

所以，还是那句话，为了整个人群和公共的利益，我们还是应该选择让宝宝接种所有的计划免疫疫苗，哪怕这个疫苗可能会发生严重的毒副作用。

只是，决定接种这个的人们，能不能给宝宝们选择更安全一些的疫苗呢？

小宝宝该接种流感疫苗吗？

流感病毒三价裂解疫苗

【针对疾病】流行性感冒

【应用时间】1921年

【中国计免类别】二类（自选需付费）疫苗

【保护时间】4—6个月

【最低报告保护率】70%

【疫苗成分】裂解病毒（死病毒）

【不良反应】常见发热、接种部位红肿、肌肉痛、自限性呼吸道综合征

【主要存在问题】保护类别不足，副作用较大

首先再絮叨一下，流行性感冒是指由流感病毒引起的比较严重的一类上呼吸道感染，而不包括其他上呼吸道感染。

本章总论里我们提到一个自己的事情：我们工作10余年，年年都有免费接种流感疫苗的机会，但我们都放弃了，没有接种。事实上，我们这些年也没有得过流感，得普通感冒的次数也屈指可数，可能两年一次，可能更少些。

我们为什么不选择接种这个疫苗呢？主要原因就是反应比较大，我们见到一些接种后反应，有流鼻涕、打喷嚏（就像普通感冒一样）的，全身肌肉痛的，还有咳嗽、发热的。反正给人的感觉，就像得了一次流感似的——也许真正的流感在这些接种者身上要严重得多，但我们总觉得，这个代价过大，所以我们也没有准备给宝宝在5岁之前接种流感疫苗。

但这只是我们个人的选择。从流行病知识看，流感病毒引起的上感还是比较严重的，病死率也不低。人们总爱提及的一个例子，是1918年的"西班牙流感"，一次流感就导致约4000万人死亡。但这个被反复引用的例子，是在医学没有发明抗生素、金刚烷胺和许多其他行之有效的治疗方法之前发生的。

流感病毒有死疫苗和活疫苗两种。死疫苗有全病毒疫苗、裂解病毒疫苗和亚单位疫苗3种。全病毒疫苗已经被淘汰，亚单位疫苗相对副作用较小。中国现在通用的3价流感裂解疫苗就是通过裂解剂裂解病毒而生产的。

减毒活疫苗在俄罗斯应用很久，而且这种疫苗是通过鼻腔接种的（听起来和牛痘差不多，据说效果还不错）。美国2003年批准了一种基因重组技术的流感减毒活疫苗上市。这种疫苗比裂解疫苗副作用小，但只能用于5—49岁的人群。

流感容易引起5—9岁的儿童感染，特别是在幼儿园、学校里的儿童，由于聚集而极易出现群体感染。这时候疫苗可能是最好的防护措施。

从临床角度看，如果不接种疫苗，需预防流感的话可以口服金刚烷胺——这是被美国食品药品管理局批准用于流感预防的药物。

现在回答本文标题提出的问题，1岁之内的小宝宝，是不是也需要接种这个流感疫苗呢？从临床角度看，只要大于6个月的宝宝，都可以接种流感疫苗。

但我们觉得，这个接种的决定要在充分了解流感疫苗的副作用严重程度基础上作出。有报告认为，流感疫苗的副作用发生是普遍的，但由于低于流感的症状，所以作为接种代价是值得的。但是，家居的宝宝本身受到传染的几率就较低，这也是应当考虑的因素。

所以，6个月以上5岁以下的宝宝，如果可以忍受流感疫苗"类感冒"的接种副作用的话，应该选择接种。

还有个情况，根据有关文献报告，9岁以下的儿童——当然包括6—12个月的宝宝接种时，不像大人接种一针就可以了，推荐程序是在接种两针之间间隔1个月。

有关指导一般推荐在学校和幼儿园生活学习的儿童普遍接种。但家长应当了解，在这些场所"暴发"的感冒很多时候并不是流感，而是由腺病毒、鼻病毒等引起，流感疫苗对此没有保护作用。而且，流感疫苗添加的型别主要有A亚型H1N1和H3N2，以及一种B亚型病毒（根据当地流行情况选择），如果是超出这些型别的流感暴发，疫苗依然无效。

乙脑疫苗:"减毒"成首选

流行性乙型脑炎减毒活疫苗

【针对疾病】流行性乙型脑炎

【应用时间】1989

【中国计免类别】一类疫苗

【保护时间】11 年

【报告保护率】95%

【疫苗成分】减毒活菌

【不良反应】发热、咳嗽等报告最高为 10%,严重不良反应为百万分之零点五

【主要存在问题】无需特别提及之情况

流行性乙型脑炎是亚洲常见的传染病,病原为流行性乙型脑炎病毒,传播媒介为蚊子。乙脑是一种严重的疾病,病死率可超过两成。目前最好的防治措施就是接种疫苗。

乙脑疫苗曾经有过 3 种主要的类别,一类是鼠脑提纯的灭活疫苗,主要是日本在使用。后来因为接种这个疫苗出现了急性脑脊髓膜炎致死的报告,日本停用了这个疫苗。第二类是细胞培养的灭活疫苗,第三类是现在应用最广的乙脑减毒疫苗,由中国自行研发。

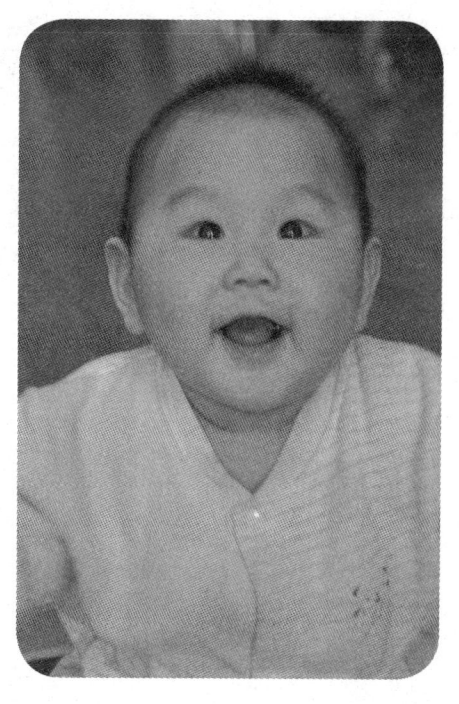

乙脑疫苗本来是一个备选的一类疫苗,也就是要求各省根据自己的情况和能力选择增加的基础免疫疫苗。2007 年国家增加一类疫苗的种类,乙脑疫苗(包括减毒疫苗和灭活疫苗)入选,成为常规接种的基础疫苗。

我们在总论文章中说过,减毒的意思就

是活疫苗，灭活的都是死疫苗，采取的都是疫苗的某些裂解成分，而活疫苗的不良反应率一般大于死疫苗。但乙脑疫苗好像不是这样，中国CDC的研究文献报告，在河北、上海、湖北、江苏等地的报告中，减毒疫苗的副作用发生率是低于灭活疫苗的。

灭活疫苗局部副作用，如触痛、红肿等的发生率较高，有报告数据为20%。一般这些反应都不计入不良反应统计中，所以我们看到，中国官方机构的从业者论文中提及，中国不良反应的发生率一般都是百万分之几。

而红疹、过敏性休克、血小板减少性紫癜等严重并发症的发生率较低，提示这个疫苗比较安全。

从不良反应的发生率看，超过7成发生在首次接种，提示首次接种后家长应该注意对宝宝的观察。

由于现在依然是灭活和减毒两种乙脑疫苗在平行安排免疫（减毒活疫苗和灭活疫苗的接种安排不同，详见下表），也就是有的地方接种减毒，有的地方接种灭活，所以我们觉得如果有条件可以试着在接种减毒疫苗的地方接受免疫。

两种乙脑疫苗的接种时间

疫苗	年（月）龄				
	8月	6—18月	18—24月	3岁	6岁
乙脑灭活疫苗	第1、2剂		第3剂*		第4剂*
乙脑减毒活疫苗	第1剂		第2剂*		第3剂*

（据卫生部《预防接种工作规范》）

还有个小问题，减毒疫苗说明书中第3剂的接种时间为7岁，这个工作规范里要求为6岁。两个数据冲突，还是应该以工作规范为准——我们想，工作规范这样安排，应该有它的道理。

[第五篇]
安全在身边

在科学可控的范围内,我们还是可以接受食品添加剂的,当然也包括公众最为担忧的色素、防腐剂和甜味剂等等……

安全座椅，这个应该有

 我家情况

我家宝宝出生以后，所有的事情似乎都有些乱套——虽然我们自认为做了充分的准备，但很多事情的复杂和消耗程度已经远远超出了我们的想象力。所以，很多稍微一犹豫排在宝宝出生后要完成的事情，就被无限期延宕了。

比如，早就应该给宝宝买的汽车安全座椅。

因为没有座椅，最终宝宝出院就是躺在妈妈怀里——这个的确有点儿危险了。后来几次到医院检查和到儿保所进行健康体检，因为没有提篮式的后向安全座椅，我们都是靠汽车上的大人抱着宝宝。说实话我们对这个方式很不放心，因为很多资料都说10公斤的孩子如果在汽车每小时30公里的速度撞击中，会产生200公斤的冲射力，这么大的冲力没有哪个大人可以抱住宝宝，后果可想而知。

等到宝宝3个月大的时候，家里各项事务似乎走上正轨了，我们开始能够闲下心来研究宝宝的安全座椅问题。先是到网上各个汽车论坛看了一些前人的经验，然后又看了几位朋友购买的座椅，发现大家买这种座椅一般都很在乎价格，而对于座椅本身的安全设计能力和质量保证并没有过多的关心。

这个态度我们不敢苟同。于是，我们先通过一些论坛上的介绍，找到了一些德国ADAC（全德汽车俱乐部？）的权威评测结果。糟糕的是，这些评测网页都是德文的，没办法，只好连蒙带猜加上使用德文词典。按照这个评测的结果，我们再挨个搜索哪个品牌的产品在国内有售，价格是多少。

反正是经过了艰苦卓绝的搜寻，最终圈定了几款产品。再根据他们的美誉度、设计特点和国内价格，我们最终选了一款德国老牌厂商的产品。这款产品在宝宝身子前面有一个独特的保护前体，据说就是这个前体让这款座椅在高达每小时80公里的ADAC快速碰撞中拿到了好成绩。后来我们找来找去，终于找到一家打折的商店，这款座椅拿到手的价格是1700元。我们觉得，如果能用这点儿钱换来宝宝的乘车安全，

那肯定太值了!

我们选的这款座椅是9—18公斤的宝宝乘坐的,换算成年龄大概也就是10—48个月龄。不过我家宝宝虽然是很标准的体型,不胖不瘦,在18个月时就几乎把座椅占满了,这也真让我们担心她以后还能不能坐进这个座椅。

座椅买来之后我们还碰到一个烦心的事,宝宝就是不喜欢座椅上的保护前体装置。可是按照设计,宝宝坐进座椅时,就要把前体放置在她的腹部前方,然后座位安全带穿过前体将整个座椅固定在车后座上(我们的汽车没有ISO FIX(儿童安全座椅固定系统)儿童座椅专用连接装置)。当前体放在宝宝身前,安全带还没有系好的时候,宝宝很多时候都是非常不愿意地用手去推这个前体,不愿意被座椅束缚住。可是我们不能答应啊,如果宝宝不坐进座椅,那么她的安全也就没有了,那我们还不如不带着宝宝出去呢。

好在宝宝也有高兴的时候,这时我们就可以顺利地让她坐在座椅上。汽车开了,宝宝坐在椅子上东看看西看看,手指时不时指向窗外她感兴趣的东西,看起来这个座椅和她非常般配呢!

有了这个座椅,宝宝爸在家的时候就可以单独带着宝宝出游了,只要她不耍赖,听话地坐在座椅上,多远的路都没问题!也是因为有了这个座椅,我们一家外出的频率高了,走的路也远了,我们甚至在想,等宝宝再大一点儿,可以带着她出去自驾游了,只要有加油站,走多远都可以!

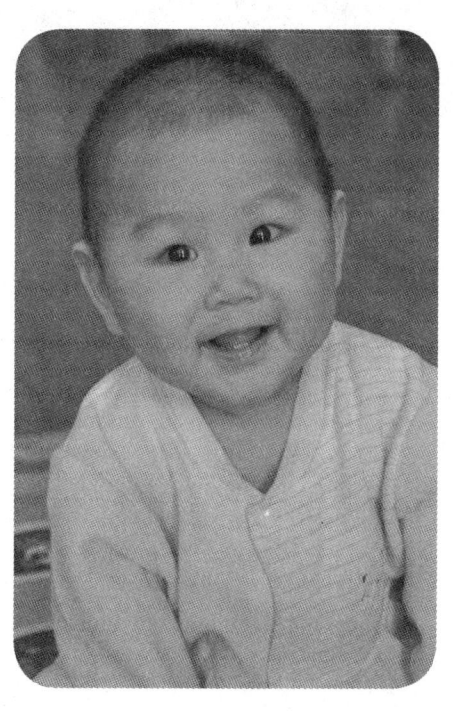

其实看看宝宝在座椅里的状态,我们觉得宝宝不喜欢这个座椅也是有道理的。上面是颇为巨大的双侧护头的设计,把多半个头都包裹了起来,而座椅体部和防护前体,加上前体上的安全带,真是严严实实地把宝宝包裹了起来——每天好玩儿好动,在哪里都不能安静坐着超过1分钟的宝宝,哪里受过这种束缚?所以很多时候让宝宝上安全座椅简直就是一件不可思议的事情,好容易哄了半天,宝宝同意坐座椅了,可一有些微响动,她又要下来了!

我们所在的城市是一个民俗味道很重的城市,在这个城市的大街小巷,经常可以看到带着小孩的私家汽车。和北京等大城市不同的是，经常可以见到不大的孩子被安排在副驾驶位置，而且是在没有任何安全防护，例如安全带或安全座椅的情况下。

我们就不懂了，他们带着自己的孩子出行，为什么要让孩子坐在一个他们不应该在的位置上，承担他们本不应承担的危险呢？

从这点上看，汽车安全座椅在中国的普及，任重道远啊。

本来我们不想再重复那些触目惊心的事故数字，来说服人们买座椅——好像我们就是卖安全座椅的，而且还是那种最卑鄙的，不买就咒你的宝宝如何如何的那种。

但还是摘录一些文字吧。一切都是为了宝宝。

10岁之前的儿童不适合普通汽车安全带。有文献显示，5—9岁儿童使用普通成人汽车安全带受伤的危险，是普通成人的2.7倍。

2001年，美国国际高速公路管理局报告，遭遇车祸的儿童中71%因为正确使用了安全座椅而避免了致命的伤害。

儿童不适用汽车安全气囊。安全气囊在撞击后以每小时225—320公里的高速张开，并因为和儿童的头部平齐，很容易造成窒息和颈肩部骨折。有报告显示，269名因气囊受伤的儿童中，159名发生了致命伤害。

多家报告显示，使用儿童安全座椅可以将儿童遇到安全事故时的死亡率降低28%，伤害率减低59%。

……

李峰医生在论文中介绍，美国儿科学会将儿童安全座椅大略上分为3类：

（1）后向放置安全座椅。适用于小于1周岁、体重小于9公斤的宝宝。

（2）前向式安全座椅，适用范围1—3岁、9—18公斤的宝宝。

（3）儿童增高座椅，这种东西就像一个厚椅垫，主要是为了增高宝宝的坐姿，达到适应成人用安全带的目的，适用于4—8岁、18—36公斤且身高小于145厘米的宝宝。

需要指出的是，儿童安全座椅的正确安装位置为后座。前座或副驾驶位置会增加儿童致命和受伤的风险。

很多国家已经立法要求儿童使用安全座椅。

至1985年美国各州均已立法要求使用儿童安全座椅。

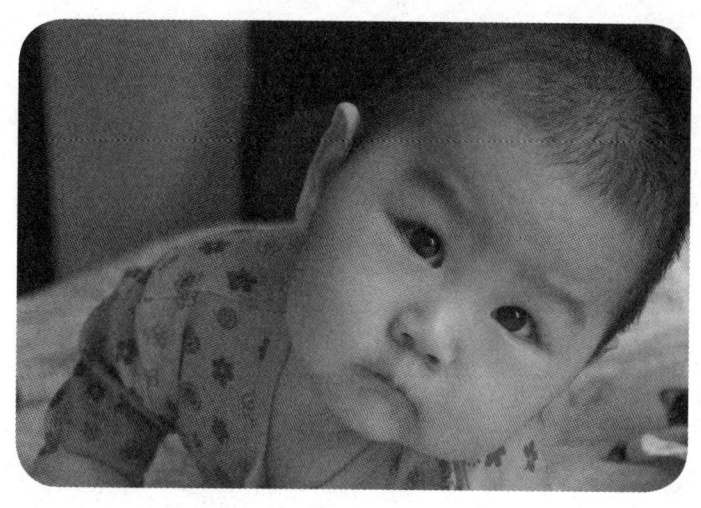

日本 2000 年立法通过要求使用儿童安全座椅。

我国台湾地区 2004 年开始要求使用儿童安全座椅。

这个立法使用安全座椅的名单上，还有加拿大、韩国、德国、英国、意大利、瑞典、澳大利亚、新加坡等。

一般认为，中国不能通过有关立法，和儿童安全座椅在内地较为昂贵有关，亦和人们的习惯有关。但有文献显示，习惯可能不是不使用安全座椅的原因。北京曾开展了一项免费发放儿童座椅的跟踪研究，发现 98% 的家庭在经过强化培训和得到免费座椅后，儿童安全座椅使用率已达到 98%。

……

还有一个比较严重的问题，虽然很多人使用了安全座椅，但没有完全正确地安装。这和很多汽车没有专用的连接装置，需要使用安全带将座椅固定在车座上有关。而若能立法要求汽车厂商普遍对其产品加装 ISO FIX，安全座椅不正确安装的问题将得到大大改善。

儿童安全座椅不是万能的，避免车内的儿童因为车祸受伤，或者因为各种不必要的意外情况受伤，首要的关键因素还是安全驾驶，小心驾驶。而在这之外，儿童安全座椅可以提供额外的安全保护。

消毒？消毒！

 我家情况

宝宝爸是医学微生物专业的，所以他过去经常会碰到人家问关于消毒的问题。我家宝宝快出生的时候，宝宝妈也去问他这个问题，没想到他大咧咧地说，不用，擦擦桌子、擦擦地就行。

我们认识的一些人家，可不是这样想的。

比如有一家的奶奶说，她每天要拿专门的"84"消毒液泡水擦地，用"消毒洗衣液"消毒宝宝的衣服，用酒精消毒宝宝的用品，每次抱宝宝前，大人都用专门的消毒液洗手……

宝宝爸说，他们这是细菌恐惧，不足取。他还是那句话，家里不用消毒，开开窗就行了。

不过，为了保险起见，我们住院生产之前，还是用家用消毒剂把家里做了一圈"表面消毒"。

后来，我们常用的消毒手法，都是按照宝宝爸安排的几大项：日光、风、煮沸和漂

洗，最多加上个紫外灯。宝宝爸说这样做足矣，反之则成祸。

宝宝爸爱讲一个俗套的故事：某医生看到外环境中细菌如此之多，便让自己的孩子只喝蒸馏水，最终孩子早夭。其实在我们的视野里，这个故事是在嘲笑医生的执业水平：连细菌和致病菌都分不清的人，如何做医生？况且病毒比细菌厉害多了，而且不容易被"消毒"，医生肯定是重视病毒超过细菌了。

我家对消毒这事，一般是这样处理：

（1）通风

室内外空气流动非常重要，虽然不能说这样做是消毒，但至少也是"减毒"吧。宝宝刚刚回家的时候，我们就开始通风了。只不过当时是寒冬腊月，我们的通风采用二部制，先打开最外面的窗户，让室外和阳台换风，这时卧室和阳台之间的窗关闭。十几分钟后室外窗关闭，卧室和阳台之间换风，最后再让阳台和室外之间换风。这样做卧室温度一般不会降到15℃以下，对未满月的宝宝是非常适宜的。

（2）阳光

充足和温暖的阳光，几乎就是美好的同义词！那么就别让它浪费了，宝宝的衣物（我们没有重复使用的尿布，如果有，可以煮沸消毒、阳光晒干）和我们的衣物，都采用阳光曝晒法消毒。这个方法时间尽可以长一些，最少也需要半个小时。

阳光消毒主要是靠其中的紫外线。紫外线只能杀表面但透入能力差，厚衣物建议翻过来再晒一次。

（3）正常清洁环境

宝宝成长一年来，我们没有使用任何专门消毒剂对住室进行过消毒。只是用过氯化物的消毒粉来对抗墙上的霉菌，用带强碱的洁厕液刷洗便桶（控制大肠杆菌）。其他我们主要做的都是清水清洁，以擦拭、扫除为主，基本上没有使用过环境消毒剂。

（4）宝宝皮肤不"消毒"

除了满月里宝宝脐带感染，之外我们没有给宝宝使用过任何一种"杀菌肥皂"、"杀菌护肤品"等。不选它们的理由，主要是因为皮肤等处的细菌，至少有90%以上都是和人体相安无事的，天天拿着"杀菌"日化品，其实也就是给自己一个心理安慰。如果这些日化品真的"杀菌"过头了，反倒会影响自身菌群的平衡，改变细菌的耐药力。

我们每次抱宝宝之前，也就是使用普通洗衣皂洗两遍手——注意，也没有医院里外科医生刷手那么麻烦，只是洗得仔细一点儿就好了。对于市场上那些杀菌的洗手液，我们基本没有使用。这个道理也很简单，皮肤上的正常菌群对宝宝不构成威胁，洗手把脏东西洗掉就可以了。

（5）玩具

可洗涤的玩具单纯洗涤就行了。若不可沾水的，可以选择用75%酒精表面消毒（时间不少于60秒）。

（6）特殊传染形势下的消毒

手足口病、流感、红眼病、甲肝等流行病都是生活中常见的传染病。这种病流行时如何消毒？因为这些致病微生物不是靠风为媒的，还是通过患者或者带菌者传播的，所以无需对自己的家庭环境进行特别的消毒。

如果流行病严重，应该考虑减少宝宝外出和进入封闭的公共场所，也可以减少来访者进入自家环境。如果真要消毒，当家庭成员外出归来时进行一般消毒即可。

扩展阅读

消毒到底是什么？如果从我们专业来讲，主要是杀灭目的物中微生物及其产物的方法。所以，消毒不仅包括灭菌，还包括杀灭细菌分泌的毒素、杀灭病毒、真菌等等。

常见的消毒方法概览：

（1）紫外线

紫外线照射后可裂解细菌的细胞壁，导致细菌死亡而达到消毒效果。消毒一般使用紫外灯，作用时间不低于半小时。由于紫外线穿透力弱，所以只适合表面消毒。举个形象的例子，如果用紫外灯消毒一本已知道很重要的书，那么只好从封面开始，一页一页翻开来照，而且至少每页照足20分钟。如果是300页以上的厚书，那就要等到猴年马月了。

另外，紫外灯产生的光，对人的眼角膜可没有什么好处。所以建议所有使用紫外灯的家庭，开灯消毒时屋内应无人。

（2）氯化消毒剂

氯化消毒剂是最常用的一种家庭消毒剂，种类较多，其中次氯酸钙主要是饮用水消毒剂，84消毒液和TD粉的成分都是氯化消毒剂，通过有效氯的氧化作用消毒。由于其氧化作用强，一般不推荐进行器物表面消毒，也不用于皮肤消毒。

（3）新洁尔灭

新洁尔灭又名苯扎溴铵，是一种常用的表面活性剂消毒剂，也就是消毒同时具有去垢作用。它也是卫生机构使用最广的常规消毒剂。新洁尔灭不腐蚀金属，不污染衣物，常用0.1%的溶液，作用5分钟即可。

（4）过氧乙酸

是一种强氧化剂，杀毒作用广谱，特别是对各种病毒有效。皮肤表面和浸泡消毒使用0.2%—0.5%溶液。但过氧乙酸刺激性气味较浓，特别是使用2%溶液做空气消毒时，人的呼吸道很难接受，应该避免直接接触。另外，存放原液注意爆炸的危险。

（5）75%酒精

这是一种最常见、对人体刺激较轻微的消毒剂，且可以使用无水乙醇自行配制（注意75%为体积浓度，即V：V）。75%酒精用于表面消毒作用时间最好大于2分钟，但注意消毒力较弱，对结核分枝杆菌、细菌芽孢和病毒等均无作用。

和细菌的,和谐

 我家情况

上一篇写消毒的时候,我们提到了"细菌恐惧"。其实我们举的那个例子还是比较普遍的,如果说更特别的,那有1天洗手100多遍的,有家里1天要撒消毒剂10多遍的,有所有器物都要用过氧乙酸消毒的。

写下这一段文字的时候,恰巧回头看了一眼电视,里面播的正是某著名品牌肥皂的广告,提倡使用杀菌肥皂,最后一句广告语是"让宝宝远离细菌"。接下来是一则著名牙膏的广告,说做个牙细菌扫描,最终也是提倡用牙膏去除牙细菌。

我们就不明白了,为什么要让宝宝远离细菌啊,难道要让宝宝做个不接触细菌的玻璃人吗?在这一点上,我们想,这些不具备科学精神、顺应民众细菌恐惧的生产商和广告商应该承担一定的责任,当然更重要的是,自己要正确认识细菌。

我们身边的微生物千万种,其中可能只有1%的微生物是可以导致疾病的。如果用名称把他们区分开来的话,普通的微生物就是微生物,那1%可以叫做致病微生物。只有致病微生物才是我们预防和消毒的对象,才是我们的敌人,而大多数是和人没有什么关系,与人和平相处的,还有一些对人有益处且人们缺之不可的,它们的生存不应该被我们敌视,人和它们的关系应该是共生共存,甚至互利,而不是你死我活。

微生物主要有8类,其中细菌和病毒与人的疾病关系最为密切,也就是致病病毒和致病细菌是我们应该预防的。其他的大量微生物与人类没有直接关系,也不在我们今天的讨论之列。还有一些本来是对人不致病的细菌和病毒,但也寄生(或者说生存在)人体上,比如体表的皮肤上、呼吸道、消化道、生殖道里,虽然存在但不对人致病,而且是人的自然微生物生态不可或缺的部分,所以我们把这些细菌(病毒等)叫做人体上的"正常菌群"。

正常菌群种类很多。比如人的口腔中有葡萄球菌、链球菌、杆菌以及螺旋体、病毒等数百种微生物,咽部可能寄生有嗜血杆菌、人类微小病毒、腺病毒,人体表寄生

有葡萄球菌和各种真菌，肠道寄生有大量的大肠杆菌、链球菌等。

这些微生物大部分对人没有致病作用。这些正常菌群在人体寄生，首先一个作用是细菌屏障，有它们在就没有别的致病菌可以进来。比如体表的真菌和葡萄球菌，肥皂和消毒液广告总是说消除细菌，那么如果皮肤上的细菌被消除掉，处于无菌状态的话，致病菌就可能进来了——你说这是好还是不好呢？

另一个典型的例子是肠道菌。肠道正常菌群不仅仅在肠道中构成了一个微生物屏障，使致病微生物不能通过肠道屏障进入循环进而导致感染，同时也构成了肠道免疫的一部分。一些正常菌群还能够在肠道里分解产生维生素 K 等人体必需的营养物质，维生素 K 和体内凝血因子的活性有关，如果肠道微生态不好，出现凝血疾病也不是罕见的。

正常菌群的其他作用，和人的免疫动员、局部抗感染、营养物质生成等有关。截止到这里，说的都是正常菌群的益处。

但正常菌群也不是都有益的。

在机体的免疫力状态出现问题，或者外在条件（比如环境严寒）的时候，特别是正常菌群之间的平衡被破坏，某一种菌群突然迅速繁殖时，他们也可能会成为条件致病菌，进入人体的血液循环或者局部组织，导致感染和其他疾病。比如呼吸道寄生的腺病毒、微小病毒，在特殊条件下都可以导致上呼吸道感染（感冒）。

这么详细地解释正常菌群的作用，实际是想说明两个问题：

（1）正常菌群是一道屏障，不能用过度的消毒和杀菌影响它们，否则人反倒是"大门洞开"，只等致病微生物来感染了。

（2）正常菌群失衡的时候，在治疗疾病的同时，还需要利用各种手段对菌群的平衡进行纠正，对缺失的正常菌种进行补充。比如宝宝腹泻时补充正常菌群和肠道益生菌双歧杆菌，就是这个道理。

所以，我们才说，过于频繁地洗涤，或者频繁地消毒杀菌其实是有害的。另一个方面，过度使用抗生素，特别是在抗生素无效的病毒感染的时候大剂量使用抗生素，杀灭的只能是体内的正常菌群，这样的疗法不仅仅浪费了医疗费用，而且导致细菌耐药性增加，更重要的是破坏了正常菌群的平衡，增加了人罹患感染性疾病的风险。

就是这么一个人和细菌的共生关系——人的免疫系统对正常菌群"控制性使用"，享受它们带来的好处，同时制约它们不要对人体致害；这些正常菌群也通过在人体的寄生而获得生存，但同时它们也时时不忘大规模繁殖，繁殖的结果就是摆脱人免疫系统的控制，对人致病。

这个平衡非常微妙，如果用大规模的日常消毒或其他手段来改变它的话，人肯定是得不偿失的。

所以，我们才写下了这段晦涩的文字，是为上一章《消毒？消毒！》中我们采取的"姑息"细菌措施的有力注解，也是想对"细菌恐惧"的人们说一句：

如果继续"恐惧"下去，"病"肯定容易找上你，而且这病根就在你们自己身上。

添加剂恐惧：宝宝不是玻璃人

有时候，我们带宝宝出去，也要给她按时加一些餐，比如小面包什么的。有的路人看到了，就呵斥说，你们怎么能给她吃这个，这里面都是防腐剂，还有色素啊，怎么能给孩子吃呢！

我们感谢他们对我家宝宝的关心，但他们的说法我们不能认同。说实话，我们对这些给宝宝吃的食品也有一些担心，但我们不是担心什么防腐剂、甜味剂、起酥剂等食品中的添加剂，而是担心这些添加剂没有按照合法的剂量添加，更担心这些食品里还有违法的有害的添加物质！

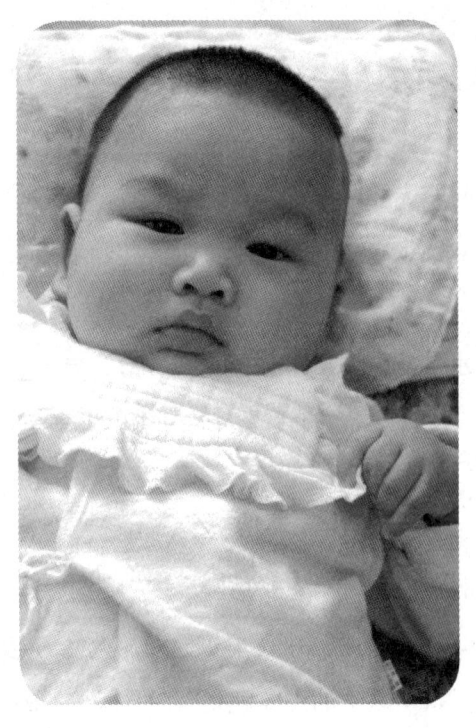

不管怎么说，宝宝还是要吃东西的，我们不可能每时每刻为她自制食物，而且宝宝也不是没有免疫的玻璃人，在科学可控的范围内，我们还是可以接受食品添加剂的，当然也包括公众最为担忧的色素、防腐剂和甜味剂等等。

我们给宝宝选择食品的原则，当然是儿童食品、婴儿食品第一。由于我国食品添加剂的法定使用剂量基本都是一样的，也就是说如果让宝宝吃普通食品，将和成人一样承受添加剂的剂量，这有失公平。而很多儿童食品、婴儿食品是不添加化学的防腐剂的，食用色素的使用也比较能够得到控制。更重要的是，我们只能相信这些儿童食品制造商的信誉，相信他们的一切生产条件的控制都是为宝宝着想，相信他们产品的优质程度。

也许我们这是一厢情愿——可也没有别的办法啊，很多食品宝宝是非常爱吃的。刚刚说过了，宝宝不是没有免疫力或者没有毒物代谢能力的玻璃人，我们可以接受合法添加，我们可以选择较低剂量的添加剂食品。同时我们也希望所有的食品生产商都严格遵守食品安全法律法规，都严格生产出合格产品——这也不枉我们对厂家的信任。

我们根据自己掌握的一些食品知识，给宝宝选择食品时还是注意避免了过多的添加剂。

比如，我们尽量不选择各种必要"生产助剂"含量较高的烘焙食品和膨化食品，尽管宝宝还是喜欢吃这些东西的。

比如，我们尽量不选择含植物脂肪（反式脂肪酸）较高的食品，从健康和发育考虑，还是有别的东西可以替代的。

比如，出于安全的角度考虑，我们不选择大量重复使用陈旧奶油（特别是植物奶油）的蛋糕产品。

比如，我们尽量选择添加糖（甜味剂）和色素较少的食品，虽然有时候这些食品看起来卖相或口感不大好，但那些糖和色素实在对宝宝没啥用处啊。

回头看看，食品添加剂这几年有点儿像过街老鼠，媒体百般挞伐，公众舆论怨声载道，普通公众提起添加剂也是一脸的无奈：你说遍地都是添加剂，三聚氰胺倒是没了，谁知道还有什么啊，这东西还怎么吃啊？

其实，我们想说的是，三聚氰胺不是食品添加剂，没谁批准它向奶里添加！这是彻头彻尾的非法添加，和经过卫生部门严格审查批准的合法食品添加剂完全是两回事！

可公众为什么分不清楚他们呢？我们仔细梳理了一下近期媒体的报道，特别是一些指向添加剂的科学评论，发现很多报道和评论都把添加剂和三聚氰胺等非法添加物混为一谈，这样的公共舆论环境其实对食品添加剂的伤害是非常大的。违法添加物伤天害理，最终将公众对食品安全的恐惧，导向了经过大量毒性试验、控制在较低的必须添加水平的合法添加剂上，形成了全民对食品添加剂的恐惧，这不是恨屋及乌吗？

我们换个角度来看这个问题，如果说有添加剂的食品就不能吃的话，那么我们连盐也不能吃了，氯化钠不也是一种合法添加剂吗？而且我国将一些营养补充剂都是列做添加剂的，比如磷酸钙（提供磷和钙）、碳酸钙（提供钙质）、氧化锌（提供锌），还有各种维生素，都是添加剂，难道这样的添加剂也要被杯葛（联合抵制、拒绝购买）吗？

所以，我们觉得，了解和认识添加剂是排除自己对添加剂的偏见的最好方法。

按照卫生部的解释："食品添加剂是指为改善食品品质和色、香、味，以及为防腐和加工工艺的需要而加入食品中的化学合成或者天然物质。营养强化剂、食品用香料、胶基糖果中基础剂物质、食品工业用加工助剂也包括在内。"

从这个概念推导，添加剂主要就是色素、香料，和改善食物性状并增进口感的制剂，以及防腐剂和加工程序用的助剂。

按照卫生部2007年的统计，我国允许使用的食品添加剂分为22类，共1812种，其中添加剂290种、香料1528种、加工助剂149种、胶姆糖基础剂55种。

这么多的添加剂，看起来确实很让人眩晕。所以，很多反对食品添加剂的人士，主要观点是，过去没有这么多的添加剂，大家也照样吃饭照样获取营养，应该取缔添加剂，使食品"乐得返自然"。

从工业社会的本质看，添加剂的使用是不可避免的。和传统农耕社会相比，工业社会的食品产销更不具备地域属性，食品生产需要机械化、批量化和自动化，这就是很多过去在农耕社会没有用过的添加剂来帮助改善产品的性状，说白了就是让食品好看、好闻、好吃。

而且工业社会产供销链条会触及每一个角落，这样对食品的安全保存要求远远高于农耕社会。如果不人工加入防腐剂，现代流通体系可能就会成为空谈。

但现代社会并非无限度工业化，工业化也不是经济至上的无道德化。工业社会食品添加剂的使用至少应该做到：

（1）不应对人体产生任何健康危害。

（2）不应掩盖食品腐败变质。

（3）不应掩盖食品本身，或加工过程中的质量缺陷，或以掺杂、掺假、伪造为目的而使用食品添加剂。

（4）不应降低食品本身的营养价值。

（5）在达到预期的效果下尽可能降低在食品中的用量。

（6）食品工业用加工助剂一般应在制成最后成品之前除去，有规定食品中残留量的除外。

当然，这里说的更像是一种道德标准，如果真的拿很多食品企业的行为来看的话，恐怕哪条他们也占不上。

也是因为对这样的食品企业没有信心，对没有见过的食品品牌，和一些价格明显偏低、包装明显违法或粗劣的食品,我们还是敬而远之的。毕竟宝宝的健康非常重要。

也许,等宝宝长大了的时候,我们不再有食品安全之困,不再有对食品添加剂恨屋及乌的恐惧。那时候,要么所有食品都是放心食品,要么只有自己种的、自己做着吃的东西才是放心的了。

扩展阅读

认识几种添加剂

写这篇稿子的时候,我们随手找到了一个早餐奶的包装盒。上面标注的食品添加剂成分有"聚葡萄糖、单硬脂酸甘油酯、黄原胶、蔗糖脂肪酸酯、羧甲基纤维素钠、瓜尔胶、三聚磷酸钠、聚甘油脂肪酸酯、卡拉胶、三氯蔗糖"。

我们查询了一下《中华人民共和国国家标准食品安全国家标准食品添加剂使用标准》,"聚葡萄糖"是增稠剂、膨松剂、水分保持剂和稳定剂,"黄原胶"是增稠剂,"蔗糖脂肪酸酯"是乳化剂,"羧甲基纤维素钠"是增稠剂,"瓜尔胶"是增稠剂,"三聚磷酸钠"的效用比较复杂,是"水分保持剂、膨松剂、酸度调节剂、稳定剂、凝固剂","聚甘油脂肪酸酯"是乳化剂、稳定剂和增稠剂,"卡拉胶"亦为乳化剂、稳定剂和增稠剂,"三氯蔗糖"又名蔗糖素,是甜味剂。

虽然各种化学名称看起来有点儿让人头大,但其中有些添加剂还是很常用的,比如黄原胶,几乎在各类食品中都有应用,被认为是性能最优越的生物胶。比如三氯蔗糖,是唯一使用蔗糖制取的甜味剂,食品工业上认为"使用效果很好"。

我们不了解食品工业的工艺,不知道为什么要使用这么多的乳化剂和增稠剂。虽然检索结果说明,诸如黄原胶、瓜尔胶、三氯蔗糖这些"明星添加剂"效果很好,但一盒奶里使用这么多的增稠剂还是让人担心,如果不增稠,谁知道这奶该是什么味道。

驱蚊剂良莠谈

 **我家情况**

我家宝宝 8 个月的时候，正好是七八月份的夏天。每天早上，我们的第一件事几乎就是不自觉地检视宝宝有没有被蚊子咬——虽然这种情况不经常发生，但每次只要一"中招"，就会引起过敏的连锁反应，至少是荨麻疹在宝宝脸上身上久久不去，真是讨厌啊。

宝宝第一次被咬以后，我们也开始考虑使用驱蚊剂。医学昆虫学是宝宝爸的专业课，我们对这个还算是懂得一二。可是到了宝宝用品店一转，发现好几种驱蚊贴、避蚊剂的说明里对其驱蚊成分的描述，都是"天然植物成分"、"自然无毒害"等，根本没有标出驱蚊有效成分，更没有标出毒副作用和使用禁忌！

我们就不明白了，天然植物成分就是无毒无害吗？这样的商品，和三无商品又有多少区别呢？

最终，我们选用的是一款名牌花露水的驱蚊子品牌，因为它上面标明的驱蚊成分是"3-（N-正丁基乙酰胺基）-丙酸乙酯丁基乙酰氨基丙酸乙酯"。

而喷杀蚊子的杀虫剂,我们选用的一款著名品牌的"无味"溴氰菊酯类产品,因为它标明的有效成分总含量是 0.2%,而且成分比较简单。

虽然有了驱蚊花露水,我们使用起来还是比较谨慎的。首先少给宝宝的皮肤上使用,尽量喷洒在宝宝周围的环境里,其次用量要控制,毕竟这东西还含有不少中药,浓度太高了谁闻到都觉得呛得慌,何况宝宝。其他就是如果宝宝被咬了,叮咬部位不适用这种花露水,而选用普通虫咬水或薄荷油。

虽然做了如此充分的准备,宝宝还是偶尔会被蚊子咬。咬得次数多了,过敏反应也就不大明显了。宝宝爸说,你看,只有多次接触过敏原才会脱敏,从这个角度说宝宝多被咬几次也没啥——这叫什么歪理啊?

更没谱的是,宝宝爸抓到一只外形没有被破坏的蚊子,就拿给宝宝看,边看边说,瞧,宝宝这就是库蚊,它的身子是平的,按蚊的身子是前低后高的,伊蚊更好认,满身都是黑花……

"你没事教宝宝这个干啥啊,她听得懂吗?"

"没事,宝宝聪明,以后就认识了。"

"认识了能不被蚊子咬吗?"

"这……反正,知己知彼百战不殆嘛,嘻嘻……"

一般这样的争论发生的时候,宝宝总是低头玩她自己的,或者抬起头仔细地看看窗外,根本不理睬我们——也许她认为,你们都在干嘛啊,浪费这精力斗嘴皮子干啥,还不如去给我做饭呢!

虽然宝宝爸口头上说蚊子咬了不碍事,但我们多年的专业学习刻在骨子里的一个意识告诉我们,蚊子是很多疾病的"二传手",在有些地区疟疾、黄热病等严重疾病的虫媒就是这个不起眼的小蚊子!所以,无论从哪个角度考虑,防蚊、避蚊、驱蚊对宝宝来说都是必要的。

我们发现关于驱蚊这事,我们身边能见到的宝宝家长有的非常重视,也有的不甚了了,当然也有重视的不得要领的。

比如一款著名品牌的驱蚊花露水,我们就听过有的宝宝家长闲谈时说,那可不能用啊,你们仔细看,那上面有农药批准文号呢——你说这农药能给宝宝用吗?也有人说,驱蚊片、驱蚊剂千万不能给宝宝用啊,那里面有一种成分国外是对宝宝禁用的,听说是有很严重的神经毒性,你说这些厂家不是都黑了心了吗?

说到农药批号,主要指的就是我们前面提到过的一种成分"伊默宁",也就是花露水里的"3-（N-正丁基乙酰胺基）-丙酸乙酯丁基乙酰氨基丙酸乙酯"。这是一种目前最为安全的驱蚊剂，已经被大量实验证明长效驱蚊效果好，毒性低，这也是我们选择含伊默宁成分的花露水的原因。至于农药文号，我们理解，这只是现代行政许可管理的一种必要手段，既然你定义驱虫杀虫的药剂管理权限在农业药品部门，那么伊默宁成分的商品肯定要申请农药批准文号，不申请才是违反相关法律法规，漠视消费者利益的表现呢。

有人说驱蚊剂的成分有毒，我们估计，是指的 DEET（避蚊胺）——这个在网络论坛上讨论其实很多。在有的论坛里谈到驱蚊剂大家都避之不及，说国外对儿童都是禁用的，我们估计指的也是这个 DEET。应该说 DEET 使用 50 年来，已经充分证明了它的驱蚊效果，而且毒理实验证明它是安全的。而它的毒性都是因为很大的应用剂量时出现（下文详述）。关于婴儿使用 DEET 的安全性，我们看到的文献是不统一的，时间较早的说可以用，安全，比如有文献提到美国认为 10% 浓度的 DEET 对两个月以上的婴儿是安全的。但也有提出不能给 2 岁以下的宝宝使用的，也有一些来源不十分确定的新闻报道指加拿大等一些国家在婴儿用品里禁用 DEET 等等。

所以，关于这个 DEET，我们也比较慎重了，没有选用和它有关的商品。毕竟还有伊默宁，还有一种 Picaridin（下文详述）可以用呢。

那么，关于驱蚊，我们的经验是，在其他机械和物理驱蚊手段之外，如果要选用驱蚊剂的话，可以选用含伊默宁或 Picaridin 的商品，但对于含高浓度 DEET（避蚊胺，化学名 N,N-二乙基-3-甲基苯甲酰胺 N,N-二乙基间甲苯苯酰胺）应该慎重使用。

最后，我们还要啰嗦几句，不仅仅蚊子，很多虫子都可能会成为传播疾病的元凶，而以"驱蚊酯"（即伊默宁的俗称）、避蚊胺（DEET）等商品闻名的化学产品，并不仅仅对蚊子有效，对很多传播疾病的虫子都是有效的，比如苍蝇、白蛉、牛虻等。而我们看到的文献，也证明 DEET 对血吸虫、蜱虫、德国小蠊（一种蟑螂）、螨虫等都有驱避作用。

所以，从这个意义上说，驱蚊剂不仅仅可以驱蚊，而且是保护宝宝避免受到虫媒疾病感染的良好制剂——在一些特殊疾病传播严重的地区，更应该受到宝宝爸妈的重视啊。

其实，大家都知道，在没有有效的化学成分分离之前，我们早已有了 N 种驱蚊的

方法，这些方法严格而言都是在使用驱避剂。有的驱避剂相当古怪，比如有记载的有大麻、大蒜（不知道是生的还是要吃完了等着打嗝）、橄榄、薄荷、番茄汁，以及浮萍、麻叶、荆叶等等。

文献显示，DEET（避蚊胺，N,N- 二乙基 -3- 间甲基苯苯甲酰胺）1956 年由美国研制成功，是截至目前商业使用最为广泛的驱蚊剂，驱蚊效果好，保护时间长，即便使用低浓度保护时间一般也能超过 5 个小时（指对特定的实验蚊）。很多驱蚊剂在设计生产之初，都要和 DEET 来对比效果。缺点是不耐汗、不耐洗涤。关于毒性，多提及其长期或大量使用会出现神经系统症状、皮肤损害，还有儿童过敏的报告。

有文献称，美国 FDA（食品药品管理局）2005 年已经推荐选用其他物质替代 DEET。

关于现在使用非常广泛的伊默宁（3-（N- 正丁基乙酰胺基）- 丙酸乙酯丁基乙酰氨基丙酸乙酯），就被认为是最好的替代物之一。我们看了一些比较数据，伊默宁的保护效果要好于 DEET，而它又普遍被认为是一种无毒、无刺激的制剂。

南方医科大学王春梅研究员在一篇论文中介绍了一种新型的高效驱避剂 Picaridin（说实话我们还不知道这个词有没有中文译名），由著名药商拜耳公司研制。实验证明这种驱蚊剂效果好于 DEET，使用后皮肤感觉温和，并且几乎不经过皮肤吸收。

也就是说，在这个专业领域里，DEET 作为首选驱避剂的江湖地位已经不保，可以替代的高效、低毒的驱避剂为伊默宁和 Picaridin。而从各种比较这三种驱蚊剂效果的文献看，在标准作用浓度下实验应用效果，Picaridin 大于伊默宁而伊默宁又大于 DEET。

驱避剂有各种制剂，而各种制剂的驱蚊保护效果也不尽相同。文献显示，含同一浓度驱避剂的效果，（霜剂）大于（酊剂、摩丝、爽身粉等）大于（气雾剂、喷雾剂）大于（皂型）。

值得注意的是，有文献记载中国通过对柠檬桉、野生薄荷、广西黄皮等天然驱蚊剂进行研究，上世纪 70 年代初期曾经分离出很多有效的驱蚊成分，其中一种对孟烷二醇 -3,8，商品名为"驱蚊灵"，驱蚊效果相当明显，曾经大范围进行商业生产。

扩展阅读

部分蚊媒疾病

疟疾：主要表现为发热、贫血、脾肿大、黄疸、肝功能异常等。疟疾由一种单细胞的寄生虫疟原虫引起，主要经过蚊子叮咬人时感染人体，疟原虫寄生在人体红细胞内。我国主要类别为间日疟和恶性疟。

乙脑：流行性乙型脑炎，致病原为乙脑病毒，主要通过三带喙库蚊传播。儿童易感，可引起患者高热、呕吐、意识障碍等。

丝虫病：丝虫曾是一种流行非常广泛的体液寄生虫疾病，丝虫虫体非常小，可通过蚊虫叮咬传播。丝虫寄生于精索、附睾和睾丸附近的淋巴管时，还能引起精索炎、附睾炎、睾丸炎。我国发病亚型主要为班氏丝虫和马来丝虫。

干细胞？不存！

 我家情况

我们住院生产时，碰到了"干细胞公司"的推销人员。他们说，最近正在开展"限量优惠"采集、处理并储存20年的干细胞，他们仅收费1万元多，推荐我们马上购买，就可以享受到这个"优惠"。

宝宝爸作不置可否状，推销员悻悻地走了。结果下午他又过来问，你们真有心要存，8000元行吗？

其实，我们没有告诉他，我们肯定不会存，即便打折甚至免费也不会，如果有捐赠，我们倒是会考虑——干细胞不是我们的专业，但血液学是宝宝爸的专业，对这个"造血干细胞储存"，我们还略知一二。

我们仔细看了"干细胞公司"的推荐资料，我们觉得有几个问题没有说明白：

首先，它是一个商业公司，我不知道它的资产状况和经营能力。因为你既然是有限公司，就可能因为经营不好而破产。保存期是20年，如果这中间破产了，我已经把储存费交足了，谁来保证我的细胞完好？

其次，他没有说明脐血干细胞还可以捐献。据我们了解，这家依托于国家顶级血液机构建立的干细胞公司，曾经开展过接受捐赠脐血干细胞的业务。但到了我家宝宝要出生的时候，这个捐赠已经停了，据说是因为经费不足。

还有，他没有说明，其实有传染病污染的脐带血细胞是不能入库的，否则好的细胞就有被污染的危险。而且，如果收集效率低，得到的干细胞不够多，理论上也是不入库的。这些在材料上都被隐去了。

而且，一存20年，都是在绝对零度的温度下，你如何证明我的细胞还是好的？

一个材料出现这么多疑问，我们有理由怀疑这家公司的诚信程度——从这个角度来看，我们也不会去存。

文献精要

即便不看专业文献,去看看媒体的公共报道,对这个储存的质疑也是很多的。有人直接将其称为"骗局"。我们虽然不好支持这个结论,但从我们的经验和既有文献看,这个收费储存确实有问题。

先说说造血干细胞的常识。

造血干细胞,是指骨髓中的干细胞,具有自我更新能力并能分化为各种血细胞前体细胞,最终生成各种血细胞成分,包括红细胞、白细胞和血小板。人的细胞最早出现的是祖细胞,祖细胞生长分化,接下来就成了干细胞。我们就把向造血系统方向成熟的细胞,叫做造血干细胞。

造血干细胞如果出问题,人的血液系统就会出问题,比如大量还没有成熟的细胞直接进入血液——简单地说,这就是白血病。

白血病是可以治疗的。如果治疗无效,那么患者还有一个选择——骨髓移植。如果能够移植一个健康人的骨髓,也就是给患者更换一套好的造血干细胞,那么白血病就不是问题了,血液中的"坏细胞"会逐渐被植活的干细胞分化产生的好细胞替代,最终患者痊愈。

我们通常见到新闻里报道的这种置换干细胞的手术(俗称骨髓移植),都是健康志愿者为患者提供干细胞(骨髓)。临床上这叫异体移植。

有一点需要特别指出,婴儿出生时的脐带中的血液一般是废弃的。但是这个血液含有丰富的婴儿自己的造血干细胞,如果能够收集起来,理论上,如果将来这个孩子血液系统出现了异常,得了白血病,可以将这些保存好的细胞再给他移植回去。这样,患者的造血细胞再次恢复到出生时的"良好"状态,白血病痊愈。

这就是"自体干细胞移植"。曾经的首例脐带血干细胞异体移植在美国成功,接受干细胞的是一位范可尼综合征的患者。

干细胞公司的人一般会告诉你,之所以让你花钱去存造血干细胞,就是为了宝宝将来如果出了问题,来做这个"自体移植"的。

听起来这是为宝宝的生命加了一道"保险",所以,不管多贵,很多爸妈都会选择为宝宝存上这个"保命的血"(干细胞公司推销员发明的名词)。

可是,干细胞公司的这套逻辑实际上有着严重的问题。为了看起来清晰,我们把理由分条来陈述。

(1) 自体移植的效果待观察

宝宝爸 2005 年的时候请专业机构检索过文献,发现全球医学界还没有几例脐带血干细胞自体移植成功治疗白血病的报告。

换句话说,这个自体移植更多的还是一种医学概念,极少有人如此操作。试验得少,经验就少,安全风险也越大。

写作本文时我们再次检索了中文文献,没有发现干细胞存储后自体移植成功的报道。

(2) 自体移植只适用于"后天型"血液病

既然是自体移植,植来植去还是你自己的细胞。如果患者的白血病是后天的,比如受到理化因素等影响致病,理论上说自体移植是管用的。因为你本来的细胞是好的,后天得的病,现在把你的造血系统再给调到"良好"状态就可以了。

而遗传型的白血病,是不能进行此类移植的。理论上讲,遗传性的白血病,孩子脐带里的干细胞也带有基因,也就是说存储进库的干细胞自身也有问题,即便移植成功了,将来还是会再发病。

(3) 存不好,将来"移"不了

按照文献报告,一份采集良好的脐带血,可以收集到 CD34+ 细胞(也就是脐带血干细胞)$4.5 \pm 3.0 \times 10^6$ 个。说通俗些,就是一份脐带血能够得到 150 万—750 万个干细胞。

这些细胞够将来移植用吗?

虽然移植时输入干细胞数量没有太严格的要求,但也不能过低。按照这个收集量,大概可以用于一个 20—40Kg 体重的患者移植,再重了恐怕会严重影响移植效果了。而且,在长期冻存中,细胞还会损失,有报告说 7 个月后能回收到的细胞就是 88% 了,储存 10 年甚至更久的数据我们没有看到,但估计会比较低。

所以,脐带血干细胞储存,单从干细胞获得量上来看,大概可以满足 10 岁以下的少年所需。如果真的存上 20 年,自体也需要用了,这时再拿出这个存好的脐带血细胞可能也不行了——数目不够。况且现在也没有存那么久之后,还能移植成功的报告。

（4）干细胞在绝对冰点的寿命待定

按照现在脐血库的通用技术，会将收集分离好的标本，使用10%的二甲亚砜作为保存剂，在零下196℃的液氮中长期保存。

在这样的环境中能够存多久呢？

有的文献说10年没问题，有的说15年，有的声称达到了22年。但如果检索近年来的脐带血异体移植的文献报告（刚刚说过了，自体移植的报告极为罕见），多为存储1—4年的脐带血。

超过10年的我们还没有检索到报告。换句话说，如果你真的存了，宝宝5岁前发病选这个，可能还能"保险"一些，如果真是8岁以后发病了，干细胞总数够不够用先不说，单就这个"史无前例"就够吓人了。是该选医学界有成熟经验的异体骨髓移植（虽然这个找骨髓比较麻烦），还是冒险选这个自体移植，估计答案只能指向异体骨髓移植了。那么，现在存这个脐带还有什么意义？

综合这几个条件，宝宝出生时给他保留脐带血干细胞，"用得上"的机会并不多。而且即便要用，不是细胞不太好了，就是孩子已经长大，这点儿干细胞不够用的了。

所以，我们才有我们的选择：1万多元的保存费，去买一个几乎没有用处且听起来很美的"自体移植"神话，这个代价太高了。

也许有人会问，如果宝宝将来真的得了白血病，而且是后天型的，我没花那1万块钱，岂不是后悔死了？

不会的。

如果将来真"中彩"了，首先你应该选择异体移植，通过"中华骨髓库"和他们的协作骨髓库寻找合适的志愿提供者。因为相对于自体移植，异体移植技术成熟得多。

如果真找不到异体供者，还可以向美国等地的"公共造血干细胞库"申请组织配型，寻找能够用于移植的脐带干细胞。公共脐带造血干细胞库内存放的干细胞，是通过公众捐赠而来。这种配型一般能有好消息，因为脐血配型要求"组织相合"的位点比异体供者移植的要求少，容易配上。

所以我们才说，花钱自存，No；捐赠，Yes！可惜我们那时是捐赠无门啊，没人收⋯⋯

我是"熊猫血",怎么办?

我家情况

RhD 阴性血型在黄种人中算是一种比较少见的血型,他们在输血时必须输 RhD 阴性血。所以有媒体把这种血型称为"熊猫血",大概就是取大熊猫比较稀有的意思吧。

不知道是谁发明了"熊猫血"的说法,反正这个"小名"把很多 RhD 阴性孩子的家长搞得特别犯愁:孩子的血型如此稀有,以后该咋办啊。

宝宝妈在血液机构工作,宝宝爸也做过这个专业,所以我们对血型算是比较熟悉的。总的来讲,我们反对"熊猫血"的说法——这个血型真的不算熊猫,在血型这个专业里,有一种"孟买血型"才真是"熊猫",这种血型全球只有几百人,而且他们只能用相同血型的人来输血,对其他任何血型都有强烈的排斥。

我家宝宝出生时,宝宝妈很有些担心宝宝的血型——倒不是担心 RhD 阴性,而是怕有其他"稀有"的可能。后来医院把结果报出来,宝宝的血型非常"大陆货",宝宝妈放心一些了。宝宝爸倒是不大关注这个,真要是稀有就稀有呗,那将来还可能多救助几个和她血型类似的病人呢。

我们说 RhD 阴性不是稀有血型,是有依据的。黄种人 RhD 阴性的概率约为 3%—5%。而父母单方为 RhD 阴性,孩子血型为 RhD 阴性的概率较高,可以模糊地认为是 50%。

我们不知道从什么时候开始,普通公众对这个血型开始了解的。我们都是 70 后,第一次知道这个 RhD 阴性稀有血型,还是看日本的电视剧《血疑》——里面患放射病的幸子，就是这个"稀有"血型。

上医学院之后才知道，RhD 阴性只是有临床意义的众多"稀有"血型中的一种，只不过公众"普及率"较高罢了。如果孩子是这个血型，其实也没什么要担心的。我们可以设想一下，RhD 阴性孩子可能会遇到的特殊困难。

首先是各种疾病和意外需要输血时，必须使用 RhD 阴性血，否则机体就会被致敏产生抗体。这个抗体出现了，以后第二次再输用 RhD 阳性血就会发生输血反应，如果是女孩还有一种担忧，日后怀孕时，如果孩子是 RhD 阳性，可能会发生较为严重的新生儿溶血症。

其次，RhD 阴性的女性若第一次孕育了 RhD 阳性的宝宝，虽然不会发生新生儿溶血症，但可能会产生抗体，下次再怀孕并孕育 RhD 阳性的宝宝时，就会发生新生儿溶血症。

再次，RhD 阴性的朋友，如果通过输血或者怀孕，被致敏产生了抗体，那么原则上也不推荐他们参加无偿献血——虽然 RhD 阴性的血比较稀有，但他们体内的抗体会给受血者带来一些不良影响。

RhD 阴性的缺憾，也就是这些了。家长们真没必要特别担忧。宝宝爸有个同学，孩子就是 RhD 阴性。他们打趣道，等宝宝长大了让他到欧洲去——我们知道，欧洲的几个人种，RhD 阴性的比例较高，约为 15%—20%。所以，RhD 阴性的孩子生活在那里，就真的不必担忧了。

文献精要

《血疑》里主角幸子的困境是，需要输血而且必须输 AB 型 RhD 阴性血，这就有点麻烦了，黄种人中这个血型不大好找。所以这就对现代临床医学中的一个"同型输血"原则提出了挑战。

道理很简单，用 ABO 血型分类我是 AB 型，属于较少的血型，用 RH 系统分类我是 D 阴性，还是属于较为稀有的血型，那么能给我提供血的人就比较少了，这岂不是增加我在患病时的危险吗？

我们不排除一个更为极端的情况，可能有极个别的患者，除了 ABO 和 RH 系统是稀有血型，用 MN、Lewis 等血型系统分类就不是比较少见的类型，就是有抗体，这个患者要想输血，岂不要千里挑一,万里挑一吗？

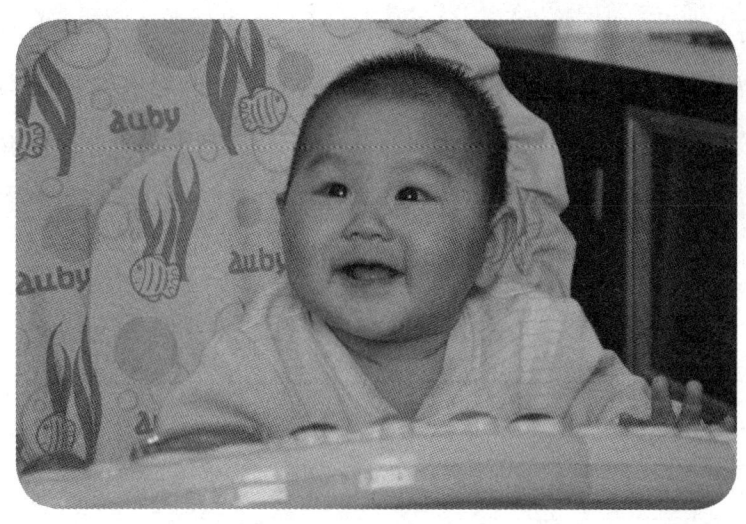

所以，对这个问题，医学上还有紧急输血原则，也就是在急需输血而没有各个血型完全相合的血液时，直接输入 ABO 血型相合的血液——继续用幸子的例子解释，就是给输 AB 血型的血就好了。法律上讲，这是一种紧急避险。

如果不是如此紧急的情况，也不是没有出路了。大家普遍知道血液的保存期很短，但对于 RhD 阴性这样比较少见的血液，血液机构可以用一种甘油处理的特殊技术，将其冷冻起来保存。这样冷冻的血液甚至可以保存 10 年以上。

当有 RhD 阴性或者其他稀有血型的患者申请用血时，只要在库中调出冰冻保存的相应的血液，利用特殊技术融化、洗涤后就能和新鲜血液一样输给患者了。当然，冰冻会造成一些血液性状的改变，总是不如新鲜血的治疗效果好。

还有一个问题，就是 RhD 阴性血型对生育问题的影响。上文已经陈述了 RhD 阴性发生新生儿溶血的原理。如果 RhD 阴性的母亲第一胎孕育了 RhD 阳性的宝宝，那么母亲身体就被致敏，产生了抗体，下次妊娠如果还是 RhD 阳性的宝宝，宝宝就会遭到母亲免疫系统的攻击，最终妊娠失败，或出生后出现严重的新生儿溶血症。如果从生育伦理角度看，RhD 阴性母亲由于自身的缺陷，很可能只有一次正常生育的权利。

现在，我们设想一个情况，如果不是生育导致了抗体产生，而是在输血时输入了 RhD 阳性的血液，那么 RhD 阴性的女性体内也会产生抗体。这时从生育伦理角度看，这位 RhD 阴性母亲的安全生育第一胎的权利已经被这次输血行为给"剥夺"了，所以 RhD 阴性女性应该更加注意同型输血。

我们还碰到过一个有意思的问题，一个 RhD 阴性宝宝的母亲问我们，不是说血型稀有的人性格孤僻吗，那我们家这个 RhD 阴性算不算？

我们听了，脑子里迅速地在自己的知识范围内"搜索"了一下，告诉她，在我们的能力范围内，没有见过除了 ABO 血型之外的分析血型和性格关系的理论。ABO 血型和性格的关系理论属于心理科学的范畴，是日本心理学家继承自古希腊医学和哲学的原始理论。虽然在我们看来这个理论对人的血型性格的划分具有"经验主义"的色彩，缺乏实证基础，但这个理论在亚洲确实影响非常广。

让宝宝离"毒物"远一点

我家宝宝虽然辅食没有添加好,搞得肚子一直不大好,但吃饭还算比较早。大概在 10 个月的时候,已经开始吃我们大人常吃的食物了。将近一周岁的时候,在我们的努力控制下,基本做到了 3 点:每天 3 顿饭和我们一起吃,上、下午加餐主要是水果和维生素;和我们吃得差不多,米饭、馒头、稀饭都吃,只是油少点、肉少点;自己完成吃饭动作的一半,我们大人在勺子里装好东西,对正宝宝的口,距离约 20 厘米,让宝宝接过勺子将饭自己吃到嘴里。

我们不知道这样的训练有什么好处,但总觉得这样至少比全程都是我们喂食要好——宝宝从 11 个月开始吃饭时就在抢勺子,这小家伙自立意识很强呢!

但我们知道,我们大人常吃的东西,不一定都适合宝宝,而且很多我们习惯了的食物,对宝宝而言,其实可以算是有毒呢。

我们主要注意以下 3 点:

(1)拒绝卤水豆腐

我们都是吃着卤水豆腐长大的,非常喜欢那个特殊的味道,特别是鲜豆腐放在火锅里煮,或者是和大白菜帮儿一起炒,多放酱油、蚝油……吃多少都不会腻的。不过我们知道,其实卤水是有毒的。

豆腐可以不用卤水点,但出来的味道不好,我们不喜欢。为了宝宝,每次买菜,我们都坚持仔细闻一闻,看看颜色。卤水豆腐发暗白色,有特殊的卤水气味。我们希望买到葡萄糖内酯(豆腐王)制作的豆腐,这种一般颜色发黄,有类似青草一样的气味。

当然,这种豆腐做起来也是很香的,宝宝也喜欢,都说口味是自小养成的,那么她长大了以后,就不会喜欢吃纯卤水豆腐了吧?

(2)不吃咸菜

咸菜很咸,首先这么咸的东西宝宝不适应。不过,我们主要关注的是,咸菜可能含有高浓度的亚硝酸盐，特别是白菜腌制品，如酸菜、冬菜。

上学时学卫生学，老师曾说过咸菜腌制中，都会产生亚硝酸盐，而且腌制头几天浓度很高。所以我们暂时注意两点：首先自己不腌咸菜吃，其次我们不知道市场上出售的咸菜腌制了多少天，那好，我们干脆都不吃。

也许这有点因噎废食，但我们都亲眼见过亚硝酸盐中毒的病例，症状还是非常严重的，如果没有特效药美蓝，患者可能还有生命危险——基于这个原因，咸菜，还是"回见"吧。

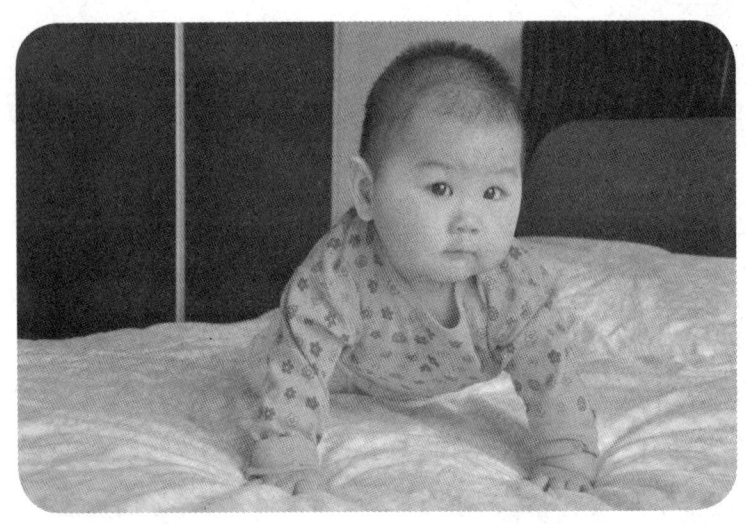

（3）不吃碘盐

这个不是一开始就能做到的，因为我们身边很多商业机构卖的都是碘盐。想买到正规无碘盐，方法还是有的，比如可以出具甲状腺病的证明，到指定门店购买。听说有的大城市已经放开自由购买无碘盐了，这个好，呵呵。不过真去买了就知道，无碘盐比有碘的还贵！

这不，就在写这一段的时候，家里的无碘盐又没有了……

其实，关于宝宝的食品安全，爸爸妈妈基本都有各自的办法。网络论坛里有人说，我就看说明书，只要有防腐剂的一律不给宝宝吃。还有人说，尽量买贵一点儿的牌子，祈祷这些人把东西卖这么贵，应该有点良心去抓抓质量吧——这话读起来，真的让人有些心酸。

也许是过于小心了，宝宝吃的食物，不管是多大品牌，多好的包装，我们都要在宝宝吃之前尝上一口。这已经成为我们的习惯性动作了，虽然我们知道，很多"毒物"是尝不出来的……

文献精要

说到毒物，大家最先想到的是宝宝的奶粉安全。这个行业 2008 年出现全行业的三聚氰胺严重食品安全危机以后，有关部门已经按期连续发布奶粉质量情况。从发布的数据看，奶粉基本上都合格了，至少三聚氰胺"复燃"只是个别现象了。

奶粉安全了，别的食物呢？本文要啰嗦的是，一些非常常见的食品是有毒的，还有一些家庭自制食品或自制食品的原料容易含毒。另外，还有一些食品的成分本身虽然无毒，但对宝宝来讲有些不合适。

（1）传统有毒食品

油条。油条遍布中国，但称呼各异，"馃子"、"馃子饼"、"薄脆"、"油饼"、"油炸桧"等等，制作方法大体上类似，都是用盐碱和白矾和面，下锅炸制。问题就在这个明矾上。明矾的化学名称是硫酸铝钾，铝离子对人体有害，比如可和钙竞争导致机体脱钙。有研究证实明矾具有神经细胞毒性，还可能和老年痴呆的发生有关。

油条是这么常见的百姓食物，难保宝宝将来不会吃。但小宝宝，特别是小于 1 岁的宝宝，尽量不要吃。明矾炸制油条属于"有毒食品"，业内早已在讨论禁用，而且明矾有很多无毒替代品，但由于公众不适应无明矾油条的口味，只能暂时允许使用了。

需要注意的是，含明矾的食品，还有粉丝和米粉。

豆腐。豆腐制作过程中需要导致蛋白质变性的"成型剂"，而民间传统成型剂使用熬制食盐后剩下来的盐卤（主要成分碳酸钙、氯化镁、硫酸钠等），制出的豆腐俗称卤水豆腐。

就是这种卤水豆腐需要特别注意。因为来自盐卤，有强烈的腐蚀性，对人体神经也有毒性，且重金属离子含量严重超标。尽管大家早已习惯了这种卤水豆腐的味道，但至少对宝宝是不合适的。

食品工业中早已研制出替代的"成型剂"，如"葡萄糖内酯"。这种"成型剂"属于生物成型剂，在食品添加剂评价中是安全的。

（2）"易触发"型食品

蚕豆。这是一个医学上非常注意的食品，因为有一类孩子葡萄糖-6-磷酸酶缺乏，导致其红细胞膜上有缺陷。如果这个孩子食用了蚕豆，就可能会触发这个缺陷，而启动自体溶血机制，红细胞破裂，大量血红蛋白出现在尿中，呈"酱油尿"。所以临床上将这种病称作蚕豆病。

蚕豆病是一类遗传缺陷，避免它发作最简便的方法，可能就是不再接触蚕豆。

还有一些天然食物有蛋白溶解特性，比如菠萝，其内含的菠萝蛋白酶（简称菠萝酶）可以破坏细胞膜，影响蛋白质功能（可以使胃肠黏膜的通透性增加，使大分子异体蛋白进入血液，导致机体过敏反应）。所以可能有孩子食用菠萝后导致严重的过敏，特别是咽部局部的过敏。

这类食品还有很多，这里不一一列举。对这类食品，总的一个原则是，避免"再次接触"，如果发现孩子有某些缺陷，或对某些食物有过敏症状，应该长期"隔离"他们和这些食物的接触，这是最安全也是最有效的方法了。

（3）蓄积中毒型

有的食物吃一些有营养，可以补足身体所需，但吃多了可能结果就会相反了，比如碘盐。我国食盐强制加碘已推进30年，对改善营养性缺碘起到了作用。但很多地区已经摆脱了缺碘状况，很多家庭膳食结构的改变，也使碘缺乏不再那么严重。

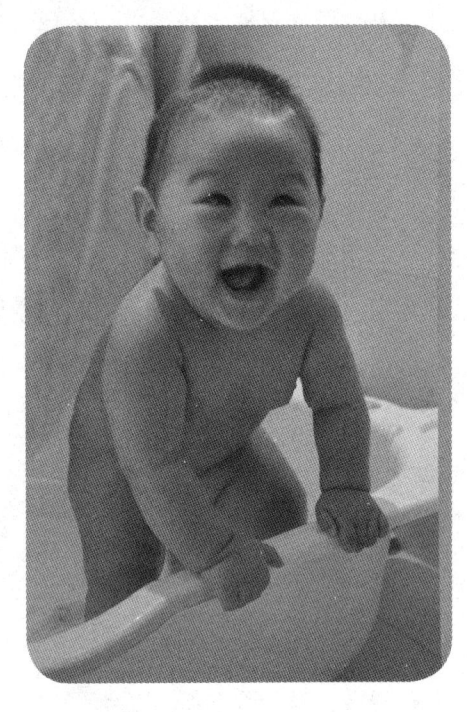

特别是生活在"高碘"的沿海地区等，很多文献支持认为，已经没有必要再进行全民补碘。生活在高碘地区的人如果多食用加碘盐，很可能会造成高碘性甲状腺肿。这个科学问题已经数次被公共媒介关注，并引起舆论探讨。但全民依旧在补碘，很多地区包括沿海高碘地区仍不能自由购买到无碘盐。

从0—1岁婴儿的健康状况看，他们能够获得足够的碘，一般不需要补碘。所以当高碘地区的宝宝开始食用有咸味的食物时，应该注意尽量食用无碘盐，以防止蓄积性中毒。

蓄积型中毒的另一个例子是摄入抗生素。有报告统计，最容易导致宝宝食入抗生素的是水产品和畜制品。

抗生素导致的公共食品安全事件，过去有美洲白虾、牛奶、多宝鱼等。实际上抗生素不是在生产过程中添加的，而是饲养者在饲养中投喂的，为的是防治各种疾病。

由于很多养殖户对抗生素的投喂量不加控制，导致很多产品特别是鱼虾等水产品的抗生素超标。

抗生素对宝宝有几种危害：

（1）直接毒性，如氯霉素等可能会影响宝宝血液系统，造成不可逆损伤。

（2）进入体内的抗生素可影响体内正常菌群的分布，导致现有正常菌群的平衡被打破，部分细菌"起义"。

（3）整体抗生素的大范围使用，可增加人体内和环境中的细菌（包括但不限于致病菌）的抗药性。若任其发展，总会有一天细菌感染的病人，会碰到无药可医的状态。

根据我们经验，这里仅把大家容易忽略的"毒物"做一罗列。大家都知道常见的带毒物，如扁豆、黄花菜、咸菜（亚硝酸盐）等，我们也不比大家多知道多少。

还有，本文对"毒物"的划分是根据我们自己的理解，没有看到类似的文献，或者有类似的提法。专业人士不要对我们"原创"分类恼火，毕竟，我们只是为了大家阅读起来方便。

本来写到最后，还想说说转基因食品。但这个比较复杂，而且大部分转基因食品说不上是什么毒物，所以，后面另辟文专述。

转基因，恶魔or福音？

 **我家情况**

转基因食物，这个要不要特别注意不给宝宝吃呢？我们想，如果把这个问题提到网上的育儿论坛里，得到的可能是一边倒的否定结果。我们看大家的讨论发言时发现，虽然很多人对转基因不是很清楚，也不大相信它的毒性，但还是抱着宁可信其有的态度，尽量不选择。

问题是，你可能躲不开。

写下这篇文字时，我们刚刚吃过一只木瓜。从商标看，应该是海南原产地产品。根据我们了解到的知识，我国早已批准转基因木瓜的种植，而目前市场上销售的多数木瓜都带着"转基因"血统。如果真的是转基因的话，那这辈子就别吃木瓜了。

还有，今天中午去超市买东西，拿了一瓶名牌沙拉酱。看看瓶身上的配料表，写明"香辛料加工原料为转基因大豆油"。

反正，转基因的食物在生活中不是一样两样。那么，宝宝该不该吃这个转基因食物呢？

我们记得，在网上论坛里读到过一个帖子，大意说，理论界反转基因的声音被国际财阀通过各种手段压制了，转基因作物的管理实际上已经被利益相关方控制，而中国作为世界上最大的转基因食物经销地，宝宝受害最重，等等。

我们看到这个帖子拥趸者众，所以把它的大意引过来——这个观点可能是很具有代表性的。我们不是专业的基因或植物学者，但至少可以肯定转基因作物的最大生产国和消费国不是中国。而且，上述观点缺乏基本的科学精神，转基因是一类生物技术的统称（或说是俗称），作者为何能得出结论，所有的转基因食物都有毒，都会毒害宝宝？

但我们也不是推崇转基因作物——毕竟这个有违其传统生物学性状，和经典的达尔文物种衍进规律。所以对于转基因作物，和转基因作物制作的食物，我们的做法是，不特殊关注食品是否转基因。如果商品包装上标明它是转基因作物制成的，只要是宝宝需要吃的，我们一般照吃不误。

至于这样做的原因，因为基因作为生物化学知识的重要部分，是我们上学时非常重要的基础课，我们略懂一二。虽然植物有细胞壁，和我们学习过的动物细胞的转基因技术并不相同，但基本原理我们还是懂得的。

这里不想深入讨论技术，我们自己看到的文献，对多种转基因作物的安全性，包括转入丰产基因、抗自然灾害基因、抗虫基因（这个最被人怀疑有毒）等作物具备科学性的研究表明，它们制作成食物以后都是无毒的。

很多反转基因的人们不相信这些结果，我们看到的观点说，几个毒性试验证明没问题也证明不了无毒，如何证明转基因长久以后不会改变物种的基因生态，如何证明长期食用后，对人体的基因结构毫无影响？

这个问题提的有道理，但却不是从科学体系的方法论出发看问题。我们是科学的从业者，我们每天对患者的诊断、治疗，都是出于严谨的流传了百余年的科学的医学体系，我们关于疾病发生发展和治疗手段的研究，也是基于科学体系。所以，关于转基因，我们相信这个科学体系的评价结果。这种相信不是盲目的，但也不是迷信的。如果科学同行用科学体系的方法发现某种转基因食物有问题，我们当然也会相信他们的结果。

这，就是关于转基因食品，我们想说的。

文献精要

首先随手摘取一段发表于 2005 年的数据，2004 年全球转基因作物种植面积达 8100 万公顷，已有 17 个国家开展种植。中国转基因作物种植面积居全球第四位（前 3 位为美国、阿根廷、加拿大），种植面积 370 万公顷，占全球转基因作物面积的 5%。

也许这个数据不能说明转基因作物是否有毒，但至少可以说明，转基因作物就在我们的身边。

从类别看，转基因食物涉及转基因植物（农作物）和转基因动物，其中转基因动物可能只占 5%。

转基因植物可能已经超过 4500 种，批准种植的至少超过 90 种，常见的有转基因玉米、大豆、棉花、油菜等。

刚才引述过反转基因派的观点。总的来讲，我们觉得这些观点的质疑基点主要是从社会科学角度出发的，也就是从怀疑出发，不能证谬就有问题。

从科学体系的角度看，转基因也是有一些问题的（虽然目前并不影响食用的安全性）。下面就陈述一下科学视野里转基因植物和动物的安全问题：

（1）毒性改变

作物本身就有很多毒性，如花生里的茄碱、油菜籽中的芥子酸、西红柿中的番茄素、小米和大米中的胰岛素抑制剂等。

通过将动物、植物或细菌的基因导入植物，使目标植物具备产生新物质的能力或改变原来物质合成的能力。如果这种导入改变了蛋白和酶的表达，就可能会改变植物体内酶或蛋白的结构，这种改变就需要进行人类毒性评估。

实际上，植物本身在生长、收割后贮存时，都会受到各种害虫和微生物的侵袭，为了应对这些"胁迫"，植物自身就要分泌某些化合物去努力抵消这种胁迫。这些不正常的化合物就被称为植物抗毒素。人类食物中有大量的植物抗毒素存在，会致癌、致畸以及有神经毒性等等。

如果转基因解决了植物对这些微生物、害虫等胁迫因素的抵御能力问题，那么这些植物抗毒素的分泌可能会减少或者停止，最终转基因的结果可能会降低植物抗毒素的水平，最终改善其对人类的毒性。

（2）过敏性

由于转基因可能会带入原有作物的抗原性，所以如果原有作物的致敏成分也在新的作物中表达，新作物将既具有本来的过敏性，又具有新的转入基因亲本的过敏性，这种"过敏食物"基本是不能接受的。

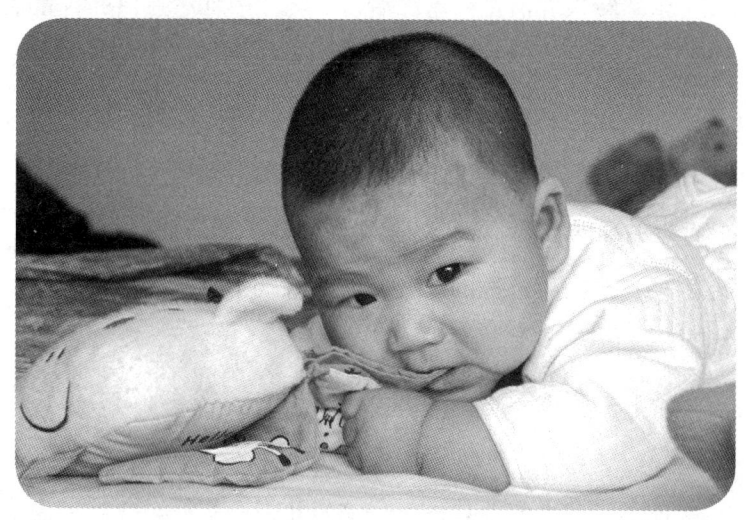

一个被人们反复提及的例子是：美国一家公司研发了一种新的转基因大豆，采用了巴西坚果的基因，使新作物能够产生含蛋氨酸的蛋白质——2S蛋白。问题是后来经过缜密的研究，发现2S蛋白就是引起巴西坚果过敏的主要蛋白。于是科研人员只能把这个新作物收回销毁。

（3）营养改变

虽然听起来对植物进行营养成分的改变有违自然规律，但这种插入的基因的确能够表达，并完成新的生物性状。这种新性状可能是增加了营养成分，也可能是增加了反营养的能力。

比如东南亚地区食用大米，大米不含有维生素A，导致维生素A缺乏多发。研究人员将来自水仙花和细菌的几个基因转入水稻，开发了含有β胡萝卜素的转基因水稻。

（4）抗生素抗性标记基因

这个听起来比较拗口，实际上这个基因不是改变目标作物的有用基因，而是当做一种"指示"，显示转入基因插入哪个部位。

问题是这种常用的指示基因来自细菌抵抗抗生素的功能基因部位，如果频繁使用，转入基因的作物可能会对环境微生物有影响，增加其对抗生素的耐药性。或者这些作物在人的肠道里影响肠道菌的耐药性，导致微生物耐药性增加。

这也是一种变相的转基因毒性——虽然这些推测还没有被证实。

转基因动物主要是提高动物产量，或者使动物能够生产某种生物制品，或使动物具有新性状与观赏性。

比如，使牛转入溶葡萄球菌酶的基因后，牛的乳汁中可以产生溶葡萄球菌酶，防止牛发生乳腺炎。给猪转入乳清蛋白基因后，其乳汁中乳清蛋白的含量增高，可促进仔猪生长。

但这种转入不能精确控制插入区域，可能会发生一些问题。比如转入生长激素基因的绵羊，由于转入基因的异常表达，会造成跛足和糖尿病。但这些畸形没有增加其作为人类食物的毒性的证据。

要评价转基因动物对人类毒性的改变，需要对其本身毒性、致敏性、营养水平的改变进行标准的评价。

也许有人会说，我们乱七八糟说了这么多晦涩的内容，并没有说到底转基因食物有没有毒啊？

本来是不用把问题说这么专业化的——这里转引一些科学文献的说法，主要是为了提出转基因作物、动物可能改变其对人类安全性的一些因素——但是，这些因素即使兑现，短期内还是没有发现对人类有直接毒性的转基因食品。

宝宝吃与不吃转基因食品，当然由宝宝的监护人决定——我们只希望，这个决定是在具备正确的关于转基因生物的有关知识的基础上作出的。

当然，上面罗列的这些转基因生物可能的毒性，或者改善毒性的情况，也只是一种概说，一种科学演义，并不代表科学报告本身，这也是我们想特殊说明的。

附 录

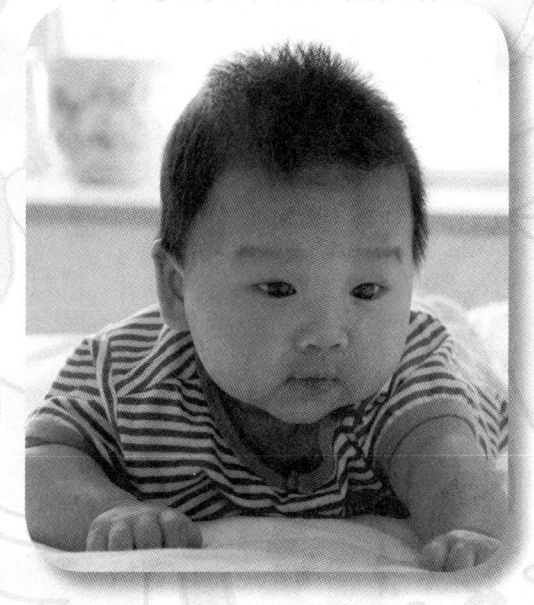

这本书写作中，我们也碰到了一些问题。有的话题很好解释，不必单独成文，有的也许查不到有关文献依据，而有些文件对大家的进一步研究实在有帮助但也没有篇幅列出。这些内容，我们遴选了一些放在这里，因为和全书体例不同，就都叫做附录吧……

【附录1】

修炼"广告素养"

我想问一个和本书不大相关的问题,您购物时都是根据什么理由选择商品呢?是售货员的推荐?还是网页上别家的经验,或者是电视广告?

虽然我们大多认为自己不会受到广告的影响,但是一些科学的统计研究却发现,大众广告,如电视广告、报纸广告、广播电台广告等,对大众的购物行为发生着明显的影响,在购物的决定性因素中几乎超过5成。

而且我刚刚提的那个问题有"陷阱",其实售货员的推荐和大众广告,严格讲都属于商业广告的范畴。如果网页上的经验介绍是来自于厂商的付费购买,那么,这个也是广告。

有人说,我买东西不看广告,只看品牌的美誉度,看性价比。

抱歉,您这个购物行为还是在明显受到广告的影响。因为一个品牌的美誉度,特别是所谓名牌,在现代传播社会里已经很少是通过大众的口碑,或者影响别人的购物行为的社区"意见领袖"创造的了,大部分来自厂商付费购买的广告!

这样的例子在中国尤甚。只要能在央视打个广告,或者能够覆盖所有的卫视频道黄金时间,你的牌子不成名牌都难。

这里探讨这个受广告影响的程度,其实要提出一个尖锐的问题,您如何为宝宝选择安全而实用的产品,而不是受到广告的左右?

这就是所谓"广告素养"问题。过去有个提法是媒介素养,一般认为这个就是会使用传媒获取信息的能力,其中大约也包括这个广告素养。但现在我们认为,广告素养至少在中国的语境下,首先应该强调的就是"免疫力",

对狂轰滥炸的广告的鉴别、否定抵御和不受或者少受广告影响的购物能力。

（1）对广告真实性的鉴别力

我记得小时候，妈妈总是按照广播里的健康广告来给全家选择健康用品，像那个什么红外治疗仪，还有什么功的"元气袋"，就是这么买来的，而且还特贵。如果让我现在去看，我肯定是不买的——这个不超出我的知识范畴，我知道它是不行的，所以不买。

那么，对于超出知识范畴的东西呢？一些研究发现，这时大众的选择购买行为，首先受到品牌广告的影响，选择那些熟知的品牌，其次受到已经购买人的影响，最后才是社区里那些见多识广喜欢给人购物建议的"意见领袖"的影响。而从商品本身鉴别看，真正尝试去了解同类商品的共性和科研进展，并了解关键评价点和鉴别手段的消费者，非常之少——我们认为这样的消费者，可能才是具有较高的鉴别力（当然可以说具有较高的广告素养）的。

（2）抵御"信息轰炸"的能力

谎言说一千遍就成了真理，同理，一个广告播放一千遍就可能深入人心了。我平日里就发现，和别人聊天说到补钙，有人便反问，现在不是要钙锌同补吗？我们相信，他们的这些知识都是来源于广告，而且是大众商业广告，那么这个商家主推的理念通过反复的信息轰炸就能深入人心，进而严重左右消费者的购买行为。

（3）对一些伪装的广告的鉴识能力

比如报纸上面的软文。有人经常拿着某某报纸，给我看某某胶囊的介绍，问我该不该买。我说那是广告，人家说不会吧，这不是新闻吗，你看这是健康专版啊！其实这是很老套的手段了，类似的还有电视直销。更隐蔽一些的广告，是真的把广告放到新闻和各种文章里，让你读到——从现代传播理论看，一种劝服如果来自他人而不是大众传媒或官方，其效果因为对他人身体力行的信任，所以就有效得多。

一个典型的例子是，如果是在网络上以个人经验推出的某种商品的介绍，很多人第一反应是相信而不是怀疑——虽然这些文章大多来自枪手。

而作为生活在此类广告海洋中的人，鉴别这类广告并"免疫"之，是非常必要的。

也是因为这个原因，本书在提及各种商品和用品的时候，统统没有加品牌——这还真不是因为害怕批评了商品而引来厂家责难，我写新闻遇到的这类事情多了——就是考虑到只要说到品牌都有"贴片广告"之嫌，而大家都对这个深恶痛绝，我还是歇歇吧，哪个品牌都不提了。

最后，我觉得也是生活中比较重要的，是对抗营销人员的能力。有多少人能够保证自己不受营业员的影响，而买到质次价高，或者没有什么用途、拿回来就扔在角落里的商品？有多少人不是因为碍于推销人员的热情，不好意思而购买了商品？有多少人知道商品的专业知识能够把营业员打得一败涂地？

所以，在去商店之前，还是首先想好如何对付推销员吧，否则只有两个办法，等推销员上厕所了，或者直接横眉冷对，到货架上拿了商品就跑，任推销员怎么追也追不上……

要不，还是多做做功课吧，争取先把推销员制住。

比如我有一次去买驱蚊贴的经历。

售货员：您看这个，纯天然的，北京某某所生产的，绝对对宝宝无害……

纯天然的就是无害的？大烟不也是天然的吗？

售货员：瞧您说的，我们这个是经过欧盟……

等等，我看看，DEET free，不含 DEET 就是好东西了？

售货员：这个，什么……DDT？您放心，我们这个绝对不含农药的……

好，成功！顺利摆脱推销员，剩下她自己对着那个"纯天然"的驱蚊贴盒子发呆去吧！

我们想说说，有一类广告不是通过我们见惯了的虚张声势或者采访软稿什么的方法，而是通过阳光明媚的背景、阳光的主人公、动人的故事或者曼妙的音乐来推荐自己，树立品牌的形象。网上有人管这些叫做"小资"广告。这其实是大众广告发展的必然产物，当广告商和厂商发现一般的营销手段不再能够影响媒介素养日益成熟的受众的时候，他们开始选择"退一步"的间接影响，先让这个广告符合观众的审美口味，然后通过这种认同间接扩大自己品牌的美誉度（从这个角度看，我们这本体验式的宝宝经验书，应该比那些说教式的育儿书有市场）。

这种广告的危险在于，很多人对它是没有免疫力的。我们要清醒地知道，制造这个

"口味上乘"的只是广告商而不是厂商本身,广告的水平只代表了厂商可以出多少钱,而绝不代表着厂商的文化底蕴或者生产水平。

除了这些大众广告素养之外,还有鉴识一些间接传导的广告的能力,比如,应对亲友之间"传销"商品的能力,应对社区里那些"购物意见领袖"的推荐的能力,等等。

总之,就记住一条原则,我现在是在给宝宝买东西,宝宝的健康幸福远比其他一切都重要,所以,要把广告的影响减到最低!

【附录2】

出远门：杜绝"旅行者腹泻"

宝宝虽然很小，但也有很多需要出门的时候。比如，有"老家"的人总要带宝宝回去让老人看看吧，比如，有时候整个家庭需要"迁徙"了，比如有时候宝宝爸妈决定去走亲戚，甚至有的爸妈决定带着宝宝出游……

一般老人是反对这种出行的，认为宝宝会"水土不服"。

这的确是个问题，在很多时候，经过了长距离的旅行之后，好容易到了地方了，大家都能歇歇了吧，结果宝宝却出现了腹泻甚至发热的症状！你说这不急人吗？

宝宝的身体健康是大事，往往是打针又吃药，但总是留着一点儿"小尾巴"，等到宝宝回到自己家里，才彻底痊愈。所以很多时候长途旅行成了宝宝爸妈的梦魇——这水土不服怎么才能预防？

民间有一些方法。比如我们听到的，有人会带一捧土，到哪里喝水的时候都要把土捏一点儿放进水里，据说这样就真的不会水土不服了。但我们可以肯定地说，这个不适用于宝宝。因为这个方法很大程度上是个心理安慰，但宝宝不行。如果土取得不干净，反倒可能会导致腹泻。

有人推荐，带着自己家乡的水就可以。很多时候这个方法管用，但如果路远日程长，如何带这么多水？而且有时候问题不是出在水上，所以带得再多宝宝也会出问题。

医生通过对这种"水土不服"（专业称旅行者腹泻）的专门研究后得出结论，主要的问题还是发生了肠道感染，而病原体主要是细菌，其次是一种叫做蓝氏贾第鞭毛虫的原虫，其他还有病毒和孢子虫等等。

这就提示我们，如果长距离旅行中发生"旅行者腹泻"，那么主要的治疗原则还是抗感染，而不是求助于家乡土或者什么别的偏方。

这种肠道感染，大多是通过口进入，其他亦有通过触摸、接触等传播。所以，旅行者腹泻的预防，首先是不喝生水，不吃生食（包括各种凉菜和凉制的食物），因气压的原因导致不能100℃煮沸的地区应该使用高压锅。勤洗手，勤换衣，必要时进行简单消毒。注意了这些，很多旅行者腹泻——水土不服是可以预防的。

如果发生了旅行者腹泻,那么治疗原则依然按照抗感染性腹泻的治疗方法,抗菌——补液(轻者口服即可)——休息——退热,一般都能够较快痊愈。

需要指出的是,虽然有时候是宝宝发病,但很多时候和大人的一些行为有关,特别是接触传播,乳房、手等处的污染是宝宝食入口的主要途径因素。

还有一种比较麻烦的情况,宝宝可能对某个地区饮水中含量较高的矿物质,或者氟化物等不耐受——这些在大城市的引用水中已经通过处理而去除,所以宝宝肠道的耐受能力是有问题的——这时问题就完完全全发生在水上了,只有通过饮水来解决。

如果条件有限,可以试着在水中投入旅行使用的片状氯化消毒剂(这个户外用品店即有售),注意要按照要求的比例来,否则消毒剂过浓了,其本身就能导致宝宝生病。

若是在不同城市之间旅行,带水又比较麻烦,可以考虑适应"第三种水",选择一种比较普遍的商品饮用水或者矿泉水(矿泉水不适用于太小的宝宝),提前经过一个阶段,在饮用水中先添加这种品牌的水,让宝宝完全适应。旅行中只要完全使用这种水,再加上其他预防措施,由饮水原因引起的腹泻,应该是可以避免的。

[附录3]

我家最"值"的宝宝用品

还记得我家宝宝出生之前我们做"功课"的时候,曾经在互联网论坛上看到一个点击率和转载率都非常高的帖子,讲住院生产时和宝宝出生后必需的一些用品。我们也收藏了这个帖子,仔细看看大约提到了百余种东西,还有一些作者也没用过的东西,仅仅是提到而"存目"了。

当时想,真的需要这么多吗?

现在站在1年的时间点上回头去数数,估计我们为宝宝添置的用品种类也不下百种了(不包括衣物和玩具)。添置的时候可能就是参考了别人的经验,或者根据需要,或者根据我们的想象这个东西可能有用——结果有的东西用了一两次就放一边儿闲置了,有的一直在用,直到用得不能再用了才去买新的——这类东西最"值"了。

不过,除了澡盆、尿布床(尿不湿)等必需的卫生用品,这样"值"的东西数数总共也没几件。

宝宝的婴儿床。总是有人说这个没用,买了也是闲着。也有人说宝宝根本就不到小床里面睡觉,总是和大人一起睡。

我们看到一些文献,认为分床是非常重要的培养宝宝独立气质和良性情绪养成的手段。而且分床有利于良性的睡眠习惯的养成。那还说啥呢,买去呗。我们选择了一种看起来最简单的北欧品牌的无漆产品,产地为罗马尼亚。看起来这个小床不是那么漂亮,网上很多人说可以自己上漆。不过我们觉得没漆不是很好吗,环保,无味儿(木床本身的味道也不大),应该属于"环保友好型"的家具了。

由于无漆,经过了两年,宝宝爱抓的地方已经有些发黑了,怎么擦洗也擦不掉了——但这也没什么,并不算是什么脏东西。关键是这个小床出乎意外地在宝宝动作发展中起了大作用——宝宝8个月开始就扶着小床练习站着和走路了,后来还通过练习下蹲捡物并学会了单手扶床行走。

每天宝宝就这样扶着小床站着,笑啊,闹啊,跳啊,走啊,玩啊……和我们的大床连接在一起的小床就成了学习走路的宝宝最好的"独立学习区"!

直到现在,宝宝和她的小床也是有着深厚的感情的,没事的时候她还会站到大床上,扶着小床沿儿重温一下当年,脸上漾出笑容——也许她还记得,那时候第一次扶着小床站起来时的兴奋吧。

而且,天天睡在小床里,宝宝怎能不喜欢它呢?

学饮杯。从6个月初开始,宝宝不知道有什么问题,开始拒绝用奶瓶喝水了。我们只好给她换用了吸管型的学饮杯。

没想到,这个杯子一用就用到了现在。

每天喝水用它,喝豆浆用它,喝绿豆汤用它——反正宝宝不喜欢喝的东西放到这个里面都能喝一些,包括不喝奶的时候、不喝药的时候!

也许是太依赖她的学饮杯了吧,宝宝用广口杯子喝水和用矿泉水瓶喝水都拖到了一岁半左右才学会!这之前,她已经用坏了3个学饮杯了!

高餐椅。开始这个餐椅我们并没有列入购物计划。但到了宝宝10个月的时候,她开始学习和我们一起吃东西,问题就出来了:如果我们抱着她喂饭,那么,一个人抱,一个人喂,饭桌上就没人吃饭了,谈何"营养氛围"啊?

如果把她放在一边,倒是可以一个人喂她,另一个人自己去吃饭,但这样的饭吃得七零八落,怎么也找不到一家人吃饭的感觉啊!

偶然买回了高餐椅之后,我们才发现,宝宝坐进这个椅子,和我们一起坐在饭桌旁边的时候,这个世界倏忽变了——变得——璀璨了,因为我们的宝宝,可以坐在饭桌旁和我们一起吃饭了!虽然她吃得还是那么少,还要我们来喂,但我们就觉得,似乎她很快就能够自己拿着勺子吃饭了,很快,她就能边吃边和我们聊天了!

这一切,都是一个简简单单的高餐椅实现的!

直到现在,宝宝最喜欢的时刻之一,就是饭菜摆好、高餐椅拿出来的时候。我们把她抱上去,她总是眯着眼睛、抿着嘴笑。在这样的氛围下,所有该吃而宝宝不爱吃的东西,基本都能喂下去。所有关于吃饭的训练,像用勺子、端碗等等,都能在愉快的氛围中进行了。

这是多么的好啊……

安全座椅。我们并不是总能两个人带宝宝,这样一个人带宝宝的时候,稍远的外出就成了问题——一个人开车,宝宝怎么能听话地坐在车里一动不动呢?即便她一动不动,也不安全啊?

安全座椅肯定是最好的解决方案了。可惜我们选择安全座椅主要考虑了安全系数，买了一个带安全前体的椅子。这种椅子要把一个硕大的安全前体放在宝宝肚子的前方——这让她有点不高兴，整个身子完全被椅子限制住了，和她随时都要动一动的习惯是不符的。所以，有时候她高兴了可以在椅子里坐很久，如果不高兴了，那么，我不坐了，我要抱抱，我要抱抱。而你还在开车不理我？我要抱抱，我要站起来，你不理我——我闹，我闹，我闹闹闹！

没办法，这时只能选择停下来，或者给宝宝什么安慰了。

虽然宝宝对这个椅子有这么点儿不喜欢，但我们的的确确可以一个人带着她开车出去了——如果她还高兴的话。

温奶器。这个东西我们只是短暂地使用过，后来由于宝宝母乳很足，就没有专门买一个。

但现在回想起来，如果买了，肯定也会把成本给"收"回来的。因为我们觉得，宝宝夜里需要喝水的时候，如果现拿杯子调水实在太慢了，完全不符合宝宝"立即就喝"的习惯。再有，如果是一个人带着宝宝，那更麻烦，宝宝会因为久久喝不到水而躁动，大人也因为抱着宝宝去调水而特别担心烫着宝宝。最终可能宝宝哭了，结果水也不喝了，再睡觉还要好好哄一番——这时候我们就感觉温奶器重要，拿过来就喝且温度适当的感觉应该是多么的好啊！

其实除了这些，有很多东西我们也觉得买得值，有很多东西我们也觉得买得不值。但这些东西没有写在这里的原因，是他们都没有这几样用得那么久，那么不可替代。

所以，就把这几样东西列一下，供参考。

【附录4】

关于学步车的几个疑问

关于宝宝的学步车,大家都说不好,不能用。但如果去看比较专业的研究文献,可以发现现在对它已经基本不研究了——估计是没有什么价值了。只是一些新闻报道还在说,某某国家已经禁用学步车。

我家宝宝就一直没有使用学步车。但国内有文献统计,发现几乎超过一半的家长都给宝宝使用过学步车。也有文献证实,使用过学步车但不会爬的宝宝,其运动和认知能力,还是要好于不使用学步车也不会爬的宝宝。

宝宝学步,扶站是一个必经的过程。如果宝宝扶墙扶桌子扶椅子,那么被扶着的东西是不动的,宝宝自己走动,这是一种运动相对于静止的扶站物的状态。如果宝宝是推着学步车(注意不是站在学步车的"圈"里,如下图),那么就是运动相对于运动,宝宝可能是被轮子"带"着走的。而不是那种"圈"内坐人的学步车,人和车一体靠简单蹬踏而前行的原理。

中国学步车安全国家标准(GB14749 2006)里列举了4种"安全"的学步车,包括"X型框架"、"可折叠框架"等,都是一个带着轮子的环状圈,宝宝要站在或者坐在圈里,通过自己的蹬踏或者外力带动轮子向各个方向运动。而这个安全标准最关心的是学步车会不会倾倒,特别是从有一定坡度的斜面滑下来的时候。

我们发现,宝宝在1岁以后对几个游戏非常感兴趣:挖沙子,玩球,推车。挖沙子宝宝百玩不厌,本来我们也觉得这个比较脏,宝宝可能会放进嘴里增加危险等。但玩了一段时间发现,宝宝的挖取动作明显发展,从此学会了用勺子吃饭!

玩球增加了宝宝的奔跑平衡能力,不到16个月的时候,宝宝已经可以抬起脚来踢球了——这种平衡是在她追球游戏之前远远达不

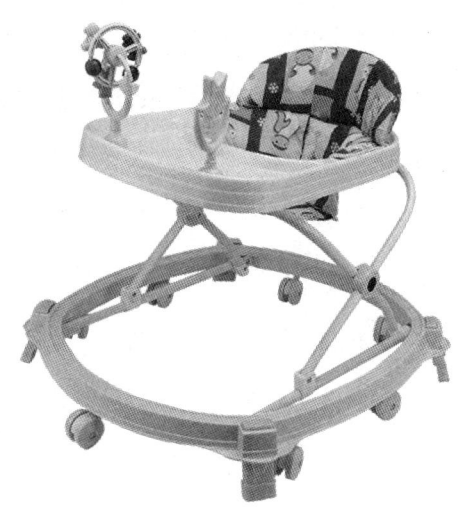

到的。

至于宝宝喜欢推车，是我们发现她喜欢推所有能推动的东西时发现的。但我们没有给她买推车，所以不知道这种动作都可以引起什么突飞猛进的发展。就从这个爱好反观，我们觉得能够推行的学步车，和那种坐或者站在圈里的学步车也不一样。

关于推行学步，我们有一点点经验。我家宝宝学步后期，双腿的协调能力不好。正好这时她非常喜欢一个带长长柄的球，宝宝可以拿着这个柄直着用身子推这个球。她在我们的协助下做这个动作的时候，我们感觉她的步子是很紊乱的，可以用跌跌撞撞来形容。但后来随着练习增加，宝宝走得越来越好。我们感觉，她被那个向前滚动的球带着走的感觉，和自己扶着静止的物体向前走的感觉完全是不同的。静止物体带给她的是绝对的安全感，她可以扶着走，可以随时停下，完全由自己控制，即便腿部协调不好也可以通过手的扶持来解决。但这个球就不同了，球是运动物体，越扶越走，越走越需要脚下的动态平衡，这就被动地促进其学习走路中的平衡，和放弃手的依赖作用，完全用腿走路了。

可惜当时我们没有使用推行的学步车——想想那时应该是对学步车这3个字太过于恐惧了。

我们觉得，市场上有这么多的学步车产品，特别是那种圈状的产品，运动发育和发展生理学要给公众一个答案，这种学步车对宝宝究竟是利大于弊，还是弊大于利？如果是弊大，是否这些学步车应该被禁用或者退市？否则，超过一半的使用率，若真的延缓了宝宝运动能力的学习，这个代价恐怕是很大的。

另一个方面，推行的学步车是否应该受到一点儿重视，通过研究和传统的学步车区分开来（反正我们是觉得这种车和圈状的原理不同，对宝宝的影响也不同，似乎不应该"一锅烩"）？

至少，在这方面没有研究的文献，是公众不能接受的。

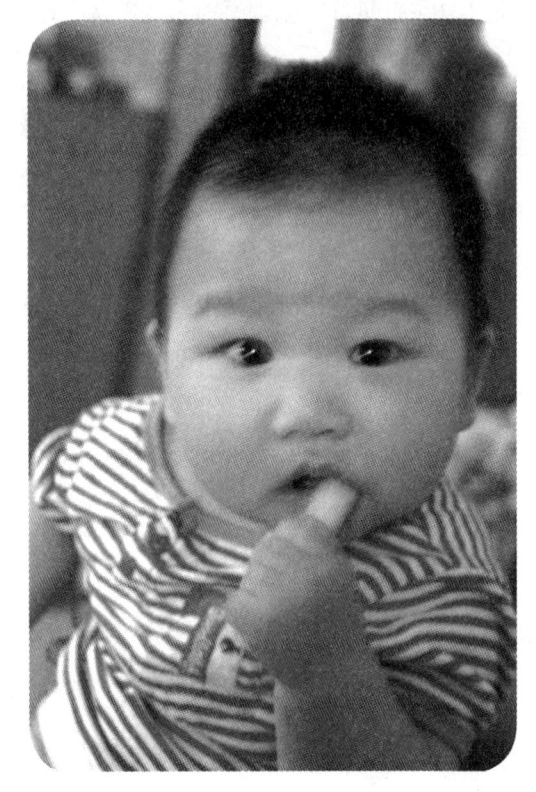

【附录5】

宝宝和动画片

宝宝应该什么时候开始看电视，应该什么时候开始看动画片？

关于这个问题，我们看了不少的文献，结果，越看越乱，越看越没有头绪。我们关注的基点是：首先宝宝什么时候的生理发展可以看清楚电视，并可以这样较长时间地用眼；其次，宝宝对客观世界的理解和认识，是应该通过实像和实物，还是通过摄影记录这种虚像？再次，按照宝宝的认知和理解能力，在看动画片时能够理解吗？我们该如何给她讲解，是通过抽象的名词和事物来解释，还是用实物甚至用想象的"宝宝逻辑"来解释？

宝宝视力发展这个问题，应该是发育学或者说发展生理学的范畴。我们看到的一些教材和书籍都认为，宝宝刚刚出生的时候，对眼前的物体只能大致看到一个轮廓，所以只能对动的东西比较感兴趣，对养育人的识别很大程度上依赖动作、声音、气味甚至于托抱时传递过来的体态信息。

按照一些文献的总结，宝宝的视力发展是十分缓慢的。有研究者使用一种比较客观的"条栅视力评估"的方法，测试了各个阶段的婴儿的视力。结果，6个月时的视力平均仅为0.15，12个月时的视力平均为0.25，20个月时的视力平均为0.4，2岁时的视力平均为0.5。

有的发展生理学教材认为，6个月之前的宝宝色彩辨识力较弱，之后开始可以辨别红色等较为明显的颜色，其他颜色的精细辨别可能要等很久了。

这些信息提供给我们的指导是不足的。究竟该不该让宝宝看动态的连续影像呢？

首先从视力看，我们发现，我家宝宝5、6个月大的时候，大约已经能够辨别红色的年画和褪色的年画之间的区别。在8个月大的时候已经能指出对面楼上（约25米外）晒台上的一只小狗的存在和动作，而她对家里摆放物品改变的辨别能力，可以精细到一个5厘米大小的药盒。

我们觉得，至少从6个月开始，在她眼里已经不是灰蒙蒙一片，已经有了颜色的差别。在8个月的时候，她的视力至少已经达到了0.4左右的水平（也就是上面文献说的 20 个月时的发展水平）。

这时，由于和看护人的沟通问题，以及我们对宝宝用眼问题的自然主义态度，她开始在电视机打开的时候注视电视。我们这时觉得，可能她对事物的抽象理解能力还有些问题，但对于具象的连续影像大概可以增加直观的认识，所以偶尔也让她看一些反应自然风光和动物界的片子，片子的灰度比较大但色彩并不鲜艳，而且观看时间一般不超过 5 分钟（时间长了她的注意力也转移了）。

到她 12 个月大的时候，由于天气寒冷难于外出，我们发现她对于楼下地面上的一些精细事物的辨别能力已经大大进步了，我们觉得她这时的视力应该已经达到 0.5 左右的水平。

这时她对电视的兴趣进一步增大，在观看纪录片和动物专题片的时候，每次有动物的特写镜头出现，总是能够引起她的兴趣，她往往会立起身子，伸出手指向电视屏幕，嘴里发出一些惊叹或表示兴奋的啊啊声。

但我们还不敢保证这时她的视力可以观看电视而不受影响。但后来她对动画的兴趣剧增，对于一些动作类似婴儿、故事单一发展缓慢，而且主人公也只会说几个词的动画片（如《花园宝宝》）看起来目不转睛，并开始学习动画中的人物动作（主要是简单的拍手和转身）。

于是，大约从她 16 个月开始，我们不再严格限制她观看这类动画。由于动画的播放时长一般为半个小时（算上插播广告），她每天（或者隔日）观看动画的时间已经达到半个小时左右。

现在，这种看电视的习惯还在继续。仔细地反思一下，我们不知道看电视会对宝宝的视力发展造成什么影响，但现阶段动画对宝宝的一些动作能力的引导，和她在观看中对碟机、有线电视机的操作能力的锻炼，让我们觉得看电视这个事情大体上还是有益的。

有时，我们也在担忧，现在一天看半个小时，将来她一天会看多久啊？培养这

个习惯（虽然我们是无心插柳）对宝宝利弊几何，获得的一些认知发展和动作发展，究竟能否抵消过早看电视的副作用？

有的文献说，应该让宝宝早看电视，这是宝宝认知世界的窗口，也有的从电视节目的内容以及电视对视觉生理发展的影响，提出反对意见。

这也让读文献的人们有些无所适从。

不管怎么说，我们没有忘记工业社会培育迷恋电视的"沙发土豆"的教训，更没有忘记一些人士提醒的，自动化社会对宝宝早期认知"过度自动化"的影响。

从这个意义上，我们尽量不延长宝宝看电视的时间，和尽量延后接触自动电子设备、自动生活辅助设备的时间。

希望我家宝宝，一直能是一个健康（特别是视觉健康）、有活力且不过早"数字化"的宝宝！

【附录6】

杯葛"发育日程表"

很多育儿书上都有宝宝的发育日程表，大多是按月排序的，这个月应该给宝宝做什么训练，下个月宝宝该出现什么能力了，再下个月宝宝该干什么了。我们发现很多宝宝爸妈喜欢这类育儿书，因为它比较符合宝宝养育的特点，如果这些建议真的准确的话，每个月的指令都很清晰，照做就是了。

我们见过的最"精确"的日程表，是按周来的，宝宝第14周干什么，第20周干什么，第80周干什么，弄得那个细啊。

可惜我们是反对这种"日程"安排的。

一开始的时候，我们也觉得这种日程简单、方便、实用。可惜实际用起来我们就发现，不行，很多书里说的宝宝根本跟不上，有的还会相差好几个月！

关于这个我们的第一反应就是，宝宝不会有什么不正常吧？虽然我们抑制住了到医院去检查一下的冲动，但还是担忧得很——直到宝宝的各项能力按照书上写的时间姗姗来迟，我们才突然醒悟到，这个日程可能有问题！

我们检索了大量生理发育和运动发育的文献，发现大部分大样本研究文献都没有按照月甚至周来进行目标观察。换言之，基本上没有哪个研究文献把宝宝的发育指标研究细化到每个月，更不要说每周了。那么，这些育儿书的日程表就可能有两个来源，一是他们自己开展了样本观察，并通过统计分析得出中位数。但从其确定性的叙述语言来看，应该不是这样。那么另外一个可能，就是——他们只是根据经验来描述的。这个经验可能是来自一个较大样本且历时很久（比如20年的抚育经验），也可能来自一两个宝宝。但在我们的视野里，这都是没有什么区别的，按照经验而不是科学的评价体系来制定所谓日程，都有可能犯严重错误。做过科学研究的人都知道，经验观察，非指标性描述，和量化的观察和科学的统计分析之间的距离有多远！

如果上述分析成立，这些日程表的准确性，就大可怀疑了。

那些因为自己的宝宝赶不上日程表而担忧（当然包括我们）的宝宝爸妈，和那些因为自家宝宝的某些能力比日程表早出现而沾沾自喜的宝宝爸妈，可能都被这个日程表误导了!

我们再换一个视野看问题,即便这种日程经过了严密的观察和统计分析,那么如果宝宝的发展比这个日程晚一点,就是有问题吗?

举一个最容易理解的例子,宝宝的体重发展是有标准的,因为这个好观察。这个标准是一个统计均数,加减一个2倍的标准差得到的。也就是,这个阶段的体重上限,是均数加2倍的标准差,下限为均数减去2倍的标准差。

如果宝宝刚好比这个上限重了一点点,我们该不该认为宝宝肥胖了?如果宝宝仅仅比这个下限轻了一点点,是不是就是太瘦了要加营养?

统计学家告诉我们,这些统计手段只是一个相对手段,其可信性部分取决于其置信区间(这个就不解释了)选择,部分取决于样本选择的精度和统计方法的有效性。把话说白了,就是您的宝宝差那一点儿,没事,也是正常的!

这里说了这么多,是不是宝宝的发育中就完全不应该有日程表?

我们觉得,首先,一些关键节点的日程,还是应该有的。比如,宝宝什么时候应该出现什么关键的节点性的能力——比如直立行走,这是公认的人和动物之间的显著区分,会走的宝宝完全可以说脱离了婴儿阶段而进入幼儿阶段——虽然这个节点几乎完全不被宝宝爸妈们知道。

其次,一些不过于细化的"日程"还是要有的。民间有些口诀就很好,把最关键的问题都囊括了,还非常浅显易记,比如那个"三翻,六坐,七滚,八爬",朗朗上口又好理解,而且颇具普遍性意义。当然,如果宝宝比这个口诀晚了一些,也不必担心。

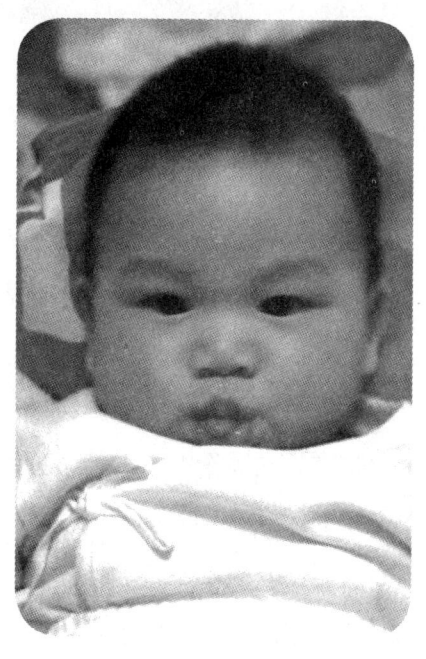

再有,就是一个实用的表,哪个月要注射什么疫苗的,委实应该有。虽然计划免疫手册上也有,但语焉不详,不看不明白,看了更不明白。如果能有个日程,特别是一目了然的,哪个月接种那个苗,一个苗都要在哪个月接种,接种几次,一看就知道,多好。

也是由于这些原因,从宝宝6个月开始,我们不再看任何日程表——宝宝晚一些就晚一些吧,我们自有自己的日程,不要让那些按照所谓的宝宝发育日程安排的书迷惑了双眼!

【代后记】

关于本书的"有效期"

很多商品都是要标注有效期的,包括商品的生产日期、上市日期,和推荐的不能超过使用的有效期。

就要完成本书的时候,我们一直在想,我们这本书是不是也应该标出一个有效期呢?

科学知识是有有效期的,每一个科学研究都可能会带来科学认识体系的变化。比如过去认为腐败是食物自身的作用,当巴斯德先生证明了细菌的存在,这个问题才被解释为微生物的作用。

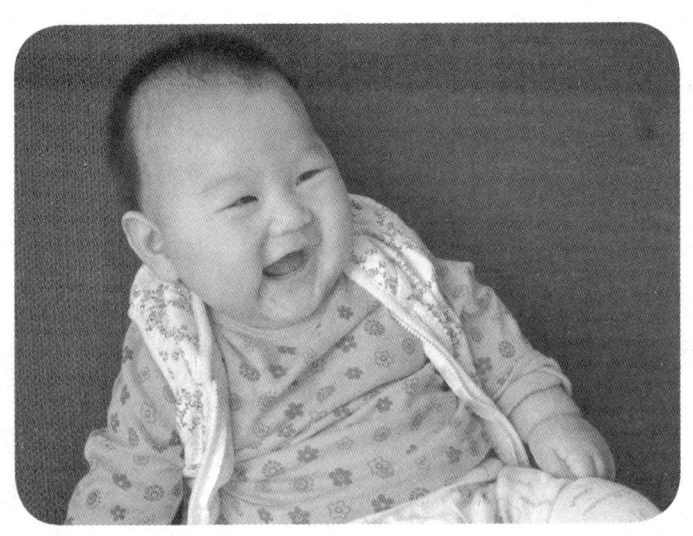

我们这本书当然也会碰到这个问题。我们引用的每一个治疗原则,和每一个对宝宝生理现象的解释、观察,都是基于已有的科学文献,万一这个方面现在有进展了,又不被我们所知(本书涉及了一些我们不掌握的领域,只能根据现有文献来理解),那岂不提供了失效的内容或建议?

应该说在写作中,我们还是注意了这个"有效期"的问题,尽量选取了经典的没有争议的、或者采取比较广泛的说法或理论,所以这个有效期,还能稍长一点儿的。

这里,我们也声明,如果有任何新进展和新理论,并且这种理论和进展已经被实践证实,请放弃本书中的落后建议。

这就代表这本书"部分失效"了。这个失效的时间，可能是出版后1年，也可能是半年，更有可能是和出版同时。

所以，我们真的没办法标出这个有效期了，还是先标出生产日期吧：文献采集时间2011年3月至7月，最后成稿时间2011年8月。

如果有新的进展，欢迎大家给我们指出，以利本书再版时订正（好像大家都是这么说的吧，但这么说绝对不是给自己的错误找理由，本书的错误热烈欢迎大家拍砖）——如果有再版的话。

我们，就说这么多吧！

衷心感谢元心远女士
为本书做出的重要贡献